Analytical Chemistry

エキスパート応用化学テキストシリーズ
EXpert Applied Chemistry Text Series

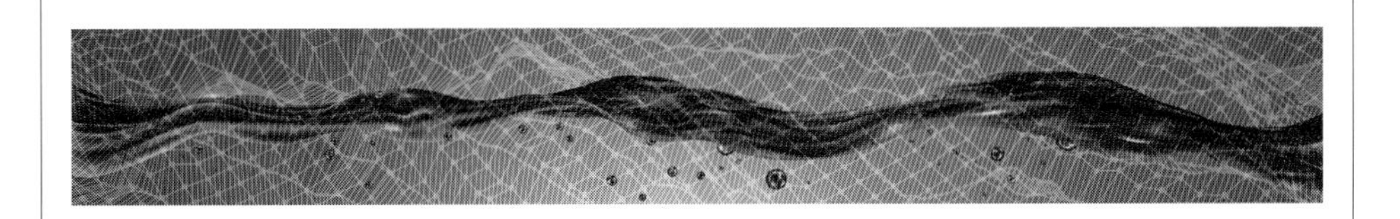

分析化学

Akio Yuchi
湯地昭夫　*Akiharu Hioki*
日置昭治［著］

講談社

はじめに

分析化学は，ものを分けて単純な要素とし，その量や性質を理解しようとする立場の学問である．無機物を相手には無機分析，有機物には有機分析，高分子には高分子分析というように，すべての物質を対象としている．また，そのために使える手段はすべてを利用しようとする貪欲な立場をとっている．新しい自然現象が見つかった瞬間から，その原理が解明されるのと並行して新しい分析法としての可能性が検討されるといっても過言ではない．その結果，現在では，多種多様な分析法がすでに存在しているし，今後も増えていくであろう．しかし,これらいずれの方法も考え方としては古典的な分析法に立脚している．

その内容は，主として無機イオンを対象としており，水溶液中での化学反応の平衡や速度を駆使したものである．このような内容は，無機化学や物理化学（熱力学・反応速度論）の講義で取り上げればよいように思われがちだが，実際には日本を含めていずれの国でも，分析化学のカリキュラムの一部として取り上げられてきた．これは，物質を計測するという分析化学ならではの独自の視点がほかに代えられないと同時に，それによって他の分野の理解がより深まるからだと考える．

典型的な分析は次のような流れに沿って進められる．

サンプリング→前処理→測定→データ処理

本書では,「化学反応や化学平衡」（2章）をソフトウェア,「分析に用いる器具・試薬」（9章）をハードウェアと考え，その組み合わせとして，分析については3～6章で，前処理については7～8章で説明する．得られたデータの処理については10章に示す．いずれの章でも,「例題と解答」として数値の取り扱いの実際を示した．また3～6章では,「バーチャル実験」として実験操作とデータ処理を擬似的に体験できるようになっている．姉妹書の『機器分析』に掲載されている分析法についても，化学反応を組み合わせる応用例を紹介してある．関連する箇所には相互引用がしてあるので，適宜，利用してほしい．

最後に，本書の完成まで細かい配慮をいただいた講談社サイエンティフィクの横山真吾氏をはじめとする編集部の皆さんに感謝する．

2015年4月

著者を代表して　湯地昭夫

目　次

バーチャル実験

第1章　序論

1.1　分析的な姿勢と分析化学の役割

人類が自然現象の解明に立ち向かった初期の段階では，複雑な現象を単純な要素に分けて，その要素を理解・解釈するという分析的あるいは解析的な（英語ではいずれもanalytical）研究手法がとられ，その中から多くの美しい規則性が発見されながら，自然科学が進歩してきた．科学が高度に発達した現代では，すでに性質のわかっている要素を逆に組み上げてシステムとして適切に機能するかどうかを確かめるというような研究手法にも力が注がれるようになっているが，未知の現象に対しては現在でも分析的な研究姿勢・手法が必要不可欠である．

物質を取り扱う化学の世界では，例えば，元素の単離とその特徴づけをもとにした周期律の発見などに，**分析化学**（analytical chemistry）が大きな役割を果たしてきた．現在でも，新しい物質や材料の研究・開発にあたって，その同定や特徴づけを分析化学が担っている．また，水や大気などの環境評価，臨床検査，科学鑑定など公共性の高い分野や，品質保証，商取引にかかわる証明など経済活動のなかでも，分析化学が重要な役割を果たしている．

1.2　どこまで詳しく分析するのか

化学的な分析を行う場合，どこまで詳しく調べるかは必要に応じて異なる．

- **定性分析**（qualitative analysis）：試料の中に何が含まれているのかを知るレベル
- **検出**（detection）：注目するイオンや分子がある基準値以上に含まれているかどうかを知るレベル
- **定量分析**（quantitative analysis）：どのくらいの量が含まれているかを知

るレベル

- **化学種別分析（スペシエーション**，speciation）：注目する対象が複数の状態で存在する場合に，その状態別に（例えばAs(V)とAs(III)それぞれとして）どのくらいの量が含まれているかを知るレベル

などに分けられる．さらには，これらを含めて，広い意味で物質を特徴づけることを**キャラクタリゼーション**（characterization）ということもある．この本では，定量分析のレベルを中心にして，他のレベルにも触れることとする．

1.3　定量分析の流れ

典型的な2つの定量分析操作の流れを示す．**重量分析**（gravimetric analysis）では，一定体積の試料溶液に試薬溶液を加えて化学反応により目的成分を沈殿させ，これを集めて一定の化学組成として質量を測定し，そのモル質量で割ることによって，試料溶液中の目的成分の物質量さらには濃度を決定する．このように，測定値以外には原子量などの基本的物理量しか必要としない方法を**絶対分析法**（absolute method）という．

容量分析（volumetric analysis）では，純粋な反応試薬の質量を測定して一定体積に希釈した溶液（**標準液**，9.3節参照）を用いて試料溶液を滴定し，化学反応によって試料が消費されるまでに必要な標準液の体積を測定することで，物質量さらには濃度を決定する．その他の**機器分析**（instrumental analysis）でも同様に，標準液のシグナルの強さと試料溶液のシグナルの強さを比較することで，濃度や物質量を決定する．このような方法を**相対分析法**(relative method）という．

いずれの場合も，取り扱う物質が純粋であることを前提として，質量とそのモル質量から，物質量を決定する（量の表し方については10.7節参照）．

$$\frac{\text{質量}/\mathrm{g}}{\text{モル質量}/(\mathrm{g\ mol^{-1}})} = \text{物質量}/\mathrm{mol}$$

さらに，溶液の濃度も決まる．

$$\frac{\text{物質量/mol}}{\text{体積/L}} = \text{濃度/(mol L}^{-1}\text{)}$$

このような意味で，質量の測定は定量分析においてきわめて重要である．

1.4　天びんによる質量の測定と重量分析

質量の測定は電子天びん（9.1節参照）によって行う．例えば，銀イオンを含む試料溶液200 mLに塩化ナトリウム溶液を加えて，塩化銀AgCl（モル質量：143.4 g mol^{-1}）として沈殿させ，付着した水を110 ℃で除き，冷却した後にその質量を測定したところ，0.1234 gであったとする．その物質量は

$$\frac{0.1234\ \text{g}}{143.4\ \text{g mol}^{-1}} = 8.605 \times 10^{-4}\ \text{mol}$$

であり，その濃度は

$$\frac{8.605 \times 10^{-4}\ \text{mol}}{200\ \text{mL}} = 4.303 \times 10^{-3}\ \text{mol L}^{-1}$$

となる（有効数字の取り扱いについては10.3節参照）．

1.5　標準物質のひょう量と容量分析

容量分析では，純度の高い試薬（**容量分析用標準物質**，9.3節参照）を規定の条件で乾燥・放冷した後に正確に秤りとり（ひょう量），一定体積に希釈することで，標準液を調製する．例えばアミド硫酸（別名スルファミン酸，NH_2SO_3H，モル質量：97.10 g mol^{-1}，純度：質量分率0.9995）0.2345 gをひょう量して250.0 mLに希釈すると，

$$\frac{0.2345\ \text{g} \times 0.9995}{97.10\ \text{g mol}^{-1} \times (250.0 \times 10^{-3}\ \text{L})} = 9.655 \times 10^{-3}\ \text{mol L}^{-1}$$

の標準液となる．この標準液を用いて，塩基を定量できる．例えば，塩基の廃

液100.0 mLを滴定したところ，終点までに9.870 mLが必要であったならば，廃液中の塩基は，

$$9.655 \times 10^{-3}\ \mathrm{mol\ L^{-1}} \times \frac{9.870\ \mathrm{mL}}{100.0\ \mathrm{mL}} = 9.529 \times 10^{-4}\ \mathrm{mol\ L^{-1}}$$

と定量される．また，この標準液を用いて，水酸化ナトリウム溶液の濃度を決定すれば，この溶液も標準液となり，これを用いて酸を定量できる．なお，ある標準液の濃度を他の標準液を用いて決定することを**標定**（standardization）という．

容量分析（あるいは滴定とよばれる）や重量分析は，多くの分析法のなかでも特に精度と真度（10.2節参照）のよい方法であり，幅広く利用されている．以下では，分析に用いる化学反応の一般的な取り扱いと分類に続いて，個々の反応とその利用を順に解説する．

第2章　化学平衡

化学反応を利用して分析を行おうとする場合，加えた物質がすべて生成物となるような反応（**不可逆的反応**）が，原理的には適しているはずである．しかし，実際には**可逆反応**を利用する場合が多い．

可逆反応では，構成物質の総量が保存されながら（「**物質収支**（mass balance）が保たれる」という），関連する物質がバランスをとる（「**化学平衡**（chemical equilibrium）が成立する」という）ように量的に変化する．

本章では，2種類の典型的な反応（$A + B \rightleftharpoons A'$，$A + B \rightleftharpoons A' + B'$）を例として，その化学平衡の特徴を学ぶ．また，3章以降で扱う反応を概観し，どちらの型の反応に対応するかについて理解する．なお，熱力学に基づく化学平衡の厳密な導出は他書を参照してほしい．

2.1　平衡定数

異なる物質を含む2つの溶液を混合して反応を起こさせた場合を考える．この反応の速度に対して十分に長い時間が経過した後には，溶液の組成はもはや変化しなくなる．このとき，反応系は**平衡状態**（equilibrium state）に達しているという．この状態では，温度・圧力が一定であれば，反応の出発物質それぞれの濃度の積を分母，生成物質それぞれの濃度の積を分子とする分数の値は一定となり，これを**平衡定数**（equilibrium constant）とよぶ．以下では，原則として1気圧，温度25 ℃での平衡を取り扱う．

2.2　（$A + B \rightleftharpoons A'$）型反応の平衡

例えば，式(2.1)で示すように，物質Aと物質Bが反応して物質A′が生成する平衡反応を考えると，

$$A + B \rightleftharpoons A' \tag{2.1}$$

その平衡定数Kは式(2.2)で与えられる.

$$K = \frac{[A']}{[A][B]} \tag{2.2}$$

この反応のKはmol^{-1} Lの単位をもつ.これをBによってAがA′に変換される反応と考えてみる.

$$A \xrightarrow{B} A' \tag{2.3}$$

平衡状態で,変換された物質と変換されていない物質の濃度比[A′]/[A]は,

$$\frac{[A']}{[A]} = K[B] \tag{2.4}$$

となる.遊離のBの濃度[B]が高いほど[A′]/[A]の値は大きくなり,平衡は生成物質側に偏る.$K=10^4$ mol^{-1} Lの場合に,[A′]/[A]にいろいろな値を代入して,そのときのBの濃度[B]を計算してみる.例えば変換率0.8の場合は[A′]/[A]=80/20として[B]=$4\times10^{-4}=10^{-3.4}$ mol L^{-1}と算出する.縦軸に変換率([A′]/([A]+[A′]))を,横軸にBの濃度の対数値log([B]/(mol L^{-1}))(以下では簡便のためにlog[B]と表す)をとると,**図2.1**のようになる.

式(2.4)からわかるように,変換率0.5を達成するのに必要な遊離のBの濃度[B]はKの逆数となり,この場合には10^{-4} mol L^{-1}である.変換率は,[B]がこれより1桁大きい10^{-3} mol L^{-1}で0.91,2桁大きい10^{-2} mol L^{-1}では0.99というように増加し,平衡の位置が生成物質側に偏る.逆に,[B]がこれより1桁小さい10^{-5} mol L^{-1}では0.09,2桁小さい10^{-6} mol L^{-1}では0.01というように減少し,平衡の位置は出発物質側に偏る.一般に,縦軸に出発物質や生成物質の存在比を,横軸に反応を進める力(**駆動力**,driving force)をとった図は**分布曲線**(distribution curve)とよばれ,S字状の特徴的な形状(sigmoid)を示す.

Kが10^8 mol^{-1} Lと大きい反応系でも,分布曲線の形状は同一であるが,例え

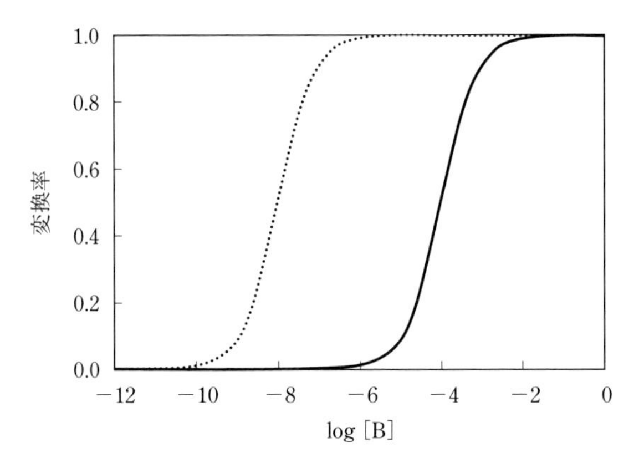

図2.1 (A＋B ⇌ A′)型の反応における物質Aから物質A′への変換率とlog [B]との関係 $K=10^4\ \mathrm{mol^{-1}\,L}$(実線), $K=10^8\ \mathrm{mol^{-1}\,L}$(点線).

ば変換率が0.5になるのに必要な [B] は $10^{-8}\ \mathrm{mol\,L^{-1}}$ であるように，平衡の位置が全体に 4 桁だけ低い濃度側にずれる．つまり，平衡定数が大きければ，より低い濃度で平衡を偏らせることができる．

例題2.1

平衡を100 %偏らせるということは原理的に不可能である．現実的な値として，同じ濃度Cの物質Aと物質Bを混合した場合，変換率0.999を達成するために必要な平衡定数を求めよ．

解答

平衡達成時の濃度はそれぞれ

$$[\mathrm{A}] = [\mathrm{B}] = 0.001C$$
$$[\mathrm{A}'] = 0.999C$$

となる．これを式(2.2)に代入すると

$$K = \frac{0.999C}{(0.001C)^2} = \frac{0.999\times10^6}{C} \approx \frac{10^6}{C} \tag{2.5}$$

となる．$C=10^{-2}\ \mathrm{mol\,L^{-1}}$ ならば $K=10^8\ \mathrm{mol^{-1}\,L}$ であるが，$C=10^{-3}\ \mathrm{mol\,L^{-1}}$

ならば$K=10^9\ \mathrm{mol^{-1}\ L}$となる．（$\mathrm{A+B \rightleftharpoons A'}$）型の反応系で変換率0.999を達成するためには，希薄な試料溶液を扱う場合ほど，大きな平衡定数をもつことが必要となる．

2.3 （$\mathrm{A+B \rightleftharpoons A'+B'}$）型反応の平衡

式(2.6)で示すように，物質Aと物質Bが反応して物質A′と物質B′が生成する平衡反応を考えると，

$$\mathrm{A + B \rightleftharpoons A' + B'} \tag{2.6}$$

その平衡定数は式(2.7)で与えられる．

$$K = \frac{[\mathrm{A'}][\mathrm{B'}]}{[\mathrm{A}][\mathrm{B}]} \tag{2.7}$$

この反応のKは無次元で単位は1である．これをBによってAがA′に変換されると同時に副産物としてB′ができる反応と考えてみる．

$$\mathrm{A} \xrightarrow[\searrow\ \mathrm{B'}]{\mathrm{B}\ \searrow} \mathrm{A'} \tag{2.8}$$

同様に，変換された物質と変換されていない物質の濃度比［A′］/［A］は

$$\frac{[\mathrm{A'}]}{[\mathrm{A}]} = K\frac{[\mathrm{B}]}{[\mathrm{B'}]} \tag{2.9}$$

となり，この反応系では，［B］/［B′］の比が平衡の位置を支配するので，より複雑である．

例題2.2

（$\mathrm{A+B \rightleftharpoons A'+B'}$）型の反応について，同じ濃度$C$の物質Aと物質Bを混合した場合，変換率0.999を達成するために必要な平衡定数を求めよ．

解答

平衡達成時の濃度はそれぞれ

$$[A] = [B] = 0.001C$$
$$[A'] = [B'] = 0.999C$$

となる．これを式(2.7)に代入すると

$$K = \frac{(0.999C)^2}{(0.001C)^2} \approx 10^6 \tag{2.10}$$

となる．（$A + B \rightleftharpoons A' + B'$）型の反応系では，変換率0.999を達成するために必要な平衡定数の値は，濃度Cに依存せず一定である．

2.4　物質収支

（$A + B \rightleftharpoons A'$）型の反応系で，$10^{-2}$ mol L^{-1}の物質Aの99.9 %を物質A′に変換するのに加えるべき物質Bの濃度を考えてみる．例題2.1とは違って，物質Bの量は必ずしも物質Aと同じではない．まず，この状態を維持するために必要な［B］は，式(2.2)から

$$[B] = \frac{1}{K} \times \frac{[A']}{[A]} \tag{2.11}$$

となる．$[A']/[A] = 0.999/0.001$なので$[B] \approx 10^3/K$となる．例えば$K = 10^5$ mol^{-1} Lの場合，$[B] \approx 10^{-2}$ mol L^{-1}となる．一方，AをA′に変換するためにも$0.999 \times 10^{-2} \approx 10^{-2}$ mol L^{-1}のBを消費しているので，全体として2×10^{-2} mol L^{-1}となるように，つまりAに対して2倍となるようにBを加えなければならない．同様にして他の平衡定数について計算した結果を**表2.1**に示す．

物質の変換のために消費されるBの濃度は共通であるが，平衡を維持するために必要なBの濃度[B]はKの増加とともに減少する．$K = 10^8$ mol^{-1} Lの場合には，反応に必要な量のBを加えれば，この変換率を達成することができるのは式(2.5)で示した通りである．

表2.1　($A + B \rightleftharpoons A'$) 型の反応系で$10^{-2}$ mol L^{-1}のAの99.9 %をA′に変換するために加えるべきBの濃度

平衡定数 K	平衡を維持するために必要な遊離のBの濃度 [B]	99.9 %をA′に変換するために消費されるBの濃度	加えるべきBの濃度
mol^{-1} L	mol L^{-1}	mol L^{-1}	mol L^{-1}
10^5	0.01	0.01	0.02
10^6	0.001	0.01	0.011
10^7	0.0001	0.01	0.0101
10^8	0.00001	0.01	0.01001

概要を理解しやすくするために，合計した数値の有効数字は10.3節で述べる数値の丸め方に必ずしも従っていない．

平衡反応では，生成物質に変換するのに必要な試薬の量および平衡状態を維持するのに必要な試薬の量の合計を反応系に加える必要があるが，平衡定数の大きい反応では後者は無視できるほど小さくなる．

上記で述べた作業を式で表すと，次のようになる．

$$C_A = [A'] + [A] \tag{2.12}$$

$$C_B = [A'] + [B] \tag{2.13}$$

加えたAの物質量濃度C_A(mol L^{-1},（容量）モル濃度，以下では単に濃度とする）は，式(2.12)で示すように平衡到達後のA′およびAの濃度の合計と一致する（Aに関する物質収支）．一方，加えたBの濃度C_Bは，式(2.13)で示すように平衡到達後のA′およびBの濃度の合計と一致する（Bに関する物質収支）．これらの関係と式(2.2)で示した平衡定数を用いれば，任意の条件であるC_AおよびC_Bについて，[A]，[A′] および [B] を算出することができる．

例題2.3

($A + B \rightleftharpoons A'$) 型の反応の平衡定数が$10^2$ mol^{-1} L，10^4 mol^{-1} L，10^6 mol^{-1} L，10^8 mol^{-1} Lである場合について，$C_A = C_B = 10^{-2}$ mol L^{-1}とした場合の変換率をそれぞれ求めよ．

解答

10^{-2} mol L^{-1}のうちのx (mol L^{-1}) のAが同じ量のBと反応してA′に変

換され，$y\,(\mathrm{mol\,L^{-1}})$ のAおよびBが未反応で残っているとすると，物質収支として

$$C_A = 10^{-2}\,\mathrm{mol\,L^{-1}} = x + y \tag{2.12'}$$
$$C_B = 10^{-2}\,\mathrm{mol\,L^{-1}} = x + y \tag{2.13'}$$

化学平衡として

$$K = \frac{x}{y^2} \tag{2.2'}$$

と3つの関係が溶液中で成立する．式(2.12′)から

$$y = 10^{-2} - x$$

を得て[*1]，式(2.2′)に代入して得られる2次方程式を解くと，

$$x = \frac{(2\times10^{-2}\times K + 1) - \sqrt{(2\times10^{-2}\times K + 1)^2 - 4\times10^{-4}\times K^2}}{2\times K}$$

となる．よって，xはそれぞれ$0.382\times10^{-2}\,\mathrm{mol^{-1}\,L}$，$0.905\times10^{-2}\,\mathrm{mol^{-1}\,L}$，$0.990\times10^{-2}\,\mathrm{mol^{-1}\,L}$，$0.999\times10^{-2}\,\mathrm{mol^{-1}\,L}$となり，変換率は0.382，0.905，0.990，0.999となる．

2.5　緩衝作用

大きな平衡定数を有する（$\mathrm{A + B \rightleftharpoons A'}$）型の反応系で，出発物質Aと生成物質A′が同程度に存在している条件では，新たな反応物質Bが加わっても，そのほとんどがAからA′への変換に利用され，遊離のBの濃度はあまり変化しない．AとA′を含む反応系が遊離のBの濃度を一定に保とうとするこのような現象を**緩衝作用**（buffering action）とよぶ．

*1　単位を常に示すと煩雑になるので，本書では計算の途中過程については単位を省略することがある．

例題2.4

（$A + B \rightleftharpoons A'$）型の反応系で（平衡定数が$10^2$ mol^{-1} L，10^4 mol^{-1} L，10^6 mol^{-1} Lおよび10^8 mol^{-1} Lの場合について考える），変換率が0.5すなわち［A］＝［A′］＝0.5×10^{-2} mol L^{-1}の平衡を維持するために必要な遊離のBの濃度［B］を算出せよ．

また，この状態の溶液に，0.1×10^{-2} mol L^{-1}に相当するBを加え，新たな平衡が成立した時点での各化学種の濃度を求めよ．

さらに，加えたBのうちで，A′への変換に利用された割合と，その条件を保つためにBのまま残った割合を算出せよ．

解答

［A］＝［A′］を維持するために必要なBの濃度は，式(2.11)を用いて，それぞれ［B］＝10^{-2} mol L^{-1}，10^{-4} mol L^{-1}，10^{-6} mol L^{-1}および10^{-8} mol L^{-1}となる．

K＝10^2 mol^{-1} Lの場合，上記の遊離のBの濃度［B］＝10^{-2} mol L^{-1}および新たに加えた0.1×10^{-2} mol L^{-1}の合計のうち，x(mol L^{-1}）がA′への変換に費やされたとすると，新たな平衡状態では

$$K = \frac{0.5 \times 10^{-2} + x}{(0.5 \times 10^{-2} - x)(10^{-2} + 0.1 \times 10^{-2} - x)}$$

が成立する．この2次方程式を解くと，x＝1.94×10^{-4} mol L^{-1}と算出される．したがって，新たな平衡状態では，［A］＝0.481×10^{-2} mol L^{-1}，［A′］＝0.519×10^{-2} mol L^{-1}，［B］＝1.081×10^{-2} mol L^{-1}となる．加えたBの19％がA′への変換に費やされ，81％が新たな平衡を維持するためにBとして残る．

一方，K＝10^6 mol^{-1} Lの場合，新たな平衡状態では

$$K = \frac{0.5 \times 10^{-2} + x}{(0.5 \times 10^{-2} - x)(10^{-6} + 0.1 \times 10^{-2} - x)}$$

が成立する．この2次方程式を解くと，x＝0.09995×10^{-2} mol L^{-1}と算出

される．したがって，新たな平衡状態では，$[A]=0.40005\times10^{-2}\ \mathrm{mol\ L^{-1}}$，$[A']=0.59995\times10^{-2}\ \mathrm{mol\ L^{-1}}$，$[B]=1.5\times10^{-6}\ \mathrm{mol\ L^{-1}}$となる．加える前の $[A']=0.5\times10^{-2}\ \mathrm{mol\ L^{-1}}$および $[B]=10^{-6}\ \mathrm{mol\ L^{-1}}$と比較すると，加えた$0.1\times10^{-2}\ \mathrm{mol\ L^{-1}}$のBの99.95 %がA′への変換に費やされ，0.05 %が新たな平衡を維持するためにBとして残ることがわかる．他の平衡定数の場合も含めた結果を**表2.2**にまとめる．反応系のKが大きいほど，緩衝作用が強い．

表2.2 $(A + B \rightleftharpoons A')$ 型の反応系で $[A]=[A']=0.5\times10^{-2}\ \mathrm{mol\ L^{-1}}$の状態へ新たに加えた$0.1\times10^{-2}\ \mathrm{mol\ L^{-1}}$に相当するBの行先

平衡定数 K	最初の [B]	x	再平衡後の [A]	再平衡後の [A′]	再平衡後の [B]
$\mathrm{mol^{-1}\ L}$	$\mathrm{mol\ L^{-1}}$	$\mathrm{mol\ L^{-1}}$	$\mathrm{mol\ L^{-1}}$	$\mathrm{mol\ L^{-1}}$	$\mathrm{mol\ L^{-1}}$
10^2	0.010 000 000	0.000 193 752	0.004 806 248	0.005 193 752	0.010 806 248
10^4	0.000 100 000	0.000 952 909	0.004 047 091	0.005 952 909	0.000 147 091
10^6	0.000 001 000	0.000 999 500	0.004 000 500	0.005 999 500	0.000 001 500
10^8	0.000 000 010	0.000 999 995	0.004 000 005	0.005 999 995	0.000 000 015

このような作用を利用して，pH緩衝液（3.6節参照），配位子緩衝液，金属緩衝液（4.3.1項参照）が作成される．

2.6 活量・活量係数・イオン強度

水溶液中で塩の濃度が高くなるにつれて，塩を構成する陽イオンと陰イオンの間の静電的な相互作用が強まる．その結果，それぞれのイオンは化学的な働きを弱められ，あたかも実際より低い濃度しか存在しないようにふるまう．このような場合の実質的に有効な濃度をイオン（i^Z，Zはイオンiの電荷）の**活量**（activity）とよびa_iで表す．塩の濃度が低い場合は，活量は濃度と一致するが，塩の濃度が高い場合は一般的に濃度より小さくなる．両者の比を**活量係数**（activity coefficient）γ_iとよぶ．

$$\gamma_\mathrm{i} = \frac{a_\mathrm{i}}{[\mathrm{i}^Z]} \tag{2.14}$$

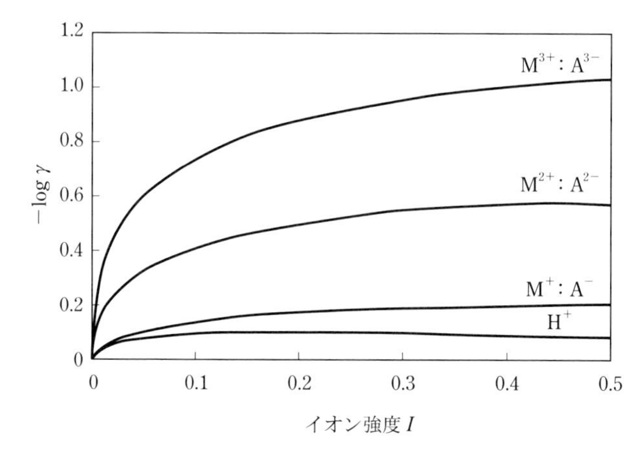

図2.2　活量係数γとイオン強度Iの関係
[A. Ringbom, Complexation in Analytical Chemistry, John Wiley and Sons (1963), p.24 : A. リングボム(著), 田中信行, 杉晴子(訳) : 錯形成反応, 産業図書 (1965), p.22]

その値は，溶液中のイオン全体の濃度に依存しており，式(2.15)で定義される**イオン強度** (ionic strength) Iとよばれるパラメータの関数として, 例えば**図2.2**のように表せる.

$$I = \frac{1}{2}\,\Sigma(Z^2 \times [\mathrm{i}^Z]) \tag{2.15}$$

溶液を取り扱う基礎的な研究では，着目する化学反応に関与しない塩（**無関係塩**，**支持電解質**，supporting electrolyte）を加えて条件を一定とすることにより，各イオンの活量係数を一定に保つことが多い．そのような条件では，上記で述べた化学平衡が同様に成り立つが，その平衡定数の値はイオン強度に依存する．活量係数の値を補正することで，異なるイオン強度のもとでの平衡定数を相互に換算することができる．このようなことを前提として，以下では，活量と濃度が等しい（活量係数を1）として平衡論的な説明を行う．

2.7　取り扱う化学反応

一般に，無機物を対象とする湿式分析（試料に前処理を施して溶液状態として行う分析）では次のような化学反応を用いる．

（1）**酸塩基反応**(acid-base reaction)

水素イオンが移動する反応であり，次のような例があげられる．

$$CH_3COOH + NH_3 \rightleftharpoons CH_3COO^- + NH_4^+ \tag{2.16}$$

水素イオンを与える能力をもつ酸（CH_3COOHおよびNH_4^+）と水素イオンを受け取る能力をもつ塩基（CH_3COO^-およびNH_3）の2対を組み合わせることによって1つの反応式となる．次に述べる反応と区別するために，**ブレンステッドの酸塩基反応**とよぶことがある．

（2）**錯形成反応**(complex formation reaction)

空の軌道をもつ原子やイオンに対して，孤立した電子対を有する原子やイオンが電子対を供与することによって，配位結合を形成する反応で，次のような例があげられる．

$$Cu^{2+} + NH_3 \rightleftharpoons [Cu(NH_3)]^{2+} \tag{2.17}$$

$$Fe^{3+} + Cl^- \rightleftharpoons [FeCl]^{2+} \tag{2.18}$$

この反応を**ルイスの酸塩基反応**とよぶことがある．

（3）**沈殿生成反応**(precipitation reaction)

イオン同士が反応して，水に不溶な沈殿を生成する反応で，次のような例があげられる．

$$Ag^+ + Cl^- \rightleftharpoons AgCl(s) \tag{2.19}$$

錯形成反応の一種と考えることもできるが，平衡の取り扱いはまったく異なる．

（4）**酸化還元反応**(oxidation-reduction reaction, redox reaction)

電子が移動する反応であり，次のような例があげられる．

$$Ce^{4+} + Fe^{2+} \rightleftharpoons Ce^{3+} + Fe^{3+} \tag{2.20}$$

電子を与える能力をもつ**還元剤**（Fe^{2+}およびCe^{3+}）と電子を受け取る能力をもつ**酸化剤**（Fe^{3+}およびCe^{4+}）の2対を組み合わせることによって1つの反応式となる.

以下の章では,これらの反応を順に取り上げて,その平衡の取り扱いと分離・分析への応用について述べる.なお,もっとも単純な場合,酸塩基反応・錯形成反応・沈殿生成反応は（$A + B \rightleftharpoons A'$）型の反応であり,酸化還元反応は（$A + B \rightleftharpoons A' + B'$）型の反応である.なお,ここでは典型的な2つの反応を取り上げたが,このほかにも,（$A + 2B \rightleftharpoons A'$）型や（$A + 2B \rightleftharpoons A' + 2B'$）型など,さまざまな反応がある.

第3章　酸塩基反応と酸塩基滴定

分析の対象となる試料のほとんどは水溶液であり，分析対象成分（10.1節参照）を水溶液中で分離したり定量したりする．これらの操作は，水溶液の水素イオン（プロトン，proton）や水酸化物イオンの濃度の影響を著しく受ける．これを適切に制御して目的を達するためには，**酸塩基平衡**（acid-base equilibrium）の理解が不可欠である．また，試料の酸あるいは塩基としての物質量が分析の目的である場合には，酸塩基反応を利用した**酸塩基滴定**（acid-base titration）あるいは**中和滴定**（neutralization titration）が行われる．本章では，酸塩基反応について平衡論的な取り扱いを理解するとともに，それを酸塩基滴定や緩衝液調製に適用する方法を学ぶ.

3.1　ブレンステッドの酸塩基反応と水の役割

2.7節で述べたように，ブレンステッドの定義では，水素イオンを与える能力をもつ物質を**酸**，水素イオンを受け取る能力をもつ物質を**塩基**とよぶ．例えば，酢酸やアンモニウムイオンは酸であり，酢酸イオンやアンモニアは塩基である．酢酸は酢酸イオンの**共役酸**（conjugate acid），酢酸イオンは酢酸の**共役塩基**（conjugate base）であり，両者は互いに共役の関係にあるという．2対の**共役酸塩基対**（conjugate acid-base pair）を組み合わせると，次のような水素イオンの移動反応が書ける.

$$\underset{\text{酸}}{CH_3COOH} + \underset{\text{塩基}}{NH_3} \rightleftharpoons \underset{\text{塩基}}{CH_3COO^-} + \underset{\text{酸}}{NH_4^+} \tag{3.1}$$

しかし水溶液中では，溶媒である水自体が酸および塩基としての両方の性質を示すために，これらに加えて，次のように水への水素イオン移動反応および水からの水素イオン移動反応も起こる.

$$\underset{\text{酸}}{CH_3COOH} + \underset{\text{塩基}}{H_2O} \rightleftharpoons \underset{\text{塩基}}{CH_3COO^-} + \underset{\text{酸}}{H_3O^+} \tag{3.2}$$

$$\underset{\text{酸}}{H_2O} + \underset{\text{塩基}}{NH_3} \rightleftharpoons \underset{\text{塩基}}{OH^-} + \underset{\text{酸}}{NH_4^+} \tag{3.3}$$

その結果，H_2Oの共役酸H_3O^+および，H_2Oの共役塩基OH^-がそれぞれ生成する．そのうえで，これらのH_3O^+およびOH^-の濃度は式(3.4)に示す水から水への水素イオン移動（**自己プロトリシス**，autoprotolysis）によって関係づけられる．

$$H_2O + H_2O \rightleftharpoons H_3O^+ + OH^- \tag{3.4}$$

以上の式(3.2)～式(3.4)では，水素イオンの授受を行っている実体をはっきりさせるために，水分子を反応物質の1つとして書いてある．しかし，水1L中には水分子が1000/18＝55.5 molもあり，その濃度は55.5 mol L^{-1}となる．したがって，0.1 mol L^{-1}程度までの物質の反応を取り扱う限りでは，水が反応で生成したり消費されたりしても，その濃度はほとんど変化することがなく，実質的に一定と考えることができる．そこで一般には，3.2節で示すように反応式に水を入れるのを止め，平衡定数にも水の濃度を入れない．式(3.1)のように複数の酸塩基対を含む場合でも，それぞれが水との間で酸塩基反応を起こすとして取り扱えばよい．

3.2　酸解離定数・プロトン付加定数・塩基解離定数

式(3.2)から水を除くと，酢酸の**酸解離平衡**（acid dissociation equilibrum）は

$$CH_3COOH \rightleftharpoons CH_3COO^- + H^+ \tag{3.2′}$$

となる．その平衡定数K_aは式(3.5)で表され，**酸解離定数**（acid dissociation constant）とよばれる．

$$K_a = \frac{[CH_3COO^-][H^+]}{[CH_3COOH]} \tag{3.5}$$

酢酸の場合は$K_a = 1.74 \times 10^{-5}$ mol L^{-1}であるが，$-\log(K_a/(\text{mol L}^{-1})) = \text{p}K_a =$ 4.76と表す場合が多い[*1]．反応式から水は除かれているものの，これらの値は，水の塩基性を基準とする酸の強さを示しており，K_aが大きいほど，すなわちpK_aが小さいほど，酸としての性質が強い．いろいろな酸についての酸解離定数を**付表1**に示す．これと併せて，式(3.2′)の逆反応に対応する式(3.6)の平衡定数も利用される場合がある．

$$CH_3COO^- + H^+ \rightleftharpoons CH_3COOH \tag{3.6}$$

その平衡定数K_{HA}は

$$K_{HA} = \frac{[CH_3COOH]}{[CH_3COO^-][H^+]} \tag{3.7}$$

と表され，**プロトン付加定数**（protonation constant）あるいは**酸の生成定数**（acid formation constant）とよばれる．酢酸の場合は，当然であるが，$\log K_{HA} = 4.76$となる．

塩基の場合も同様に水を除くと，例えば酢酸イオンについての**塩基解離平衡**（base dissociation equilibrum）は式(3.8)となる．

$$CH_3COO^- \rightleftharpoons CH_3COOH + OH^- \tag{3.8}$$

その平衡定数K_bは式(3.9)で表され，**塩基解離定数**（base dissociation constant）とよばれる．

$$K_b = \frac{[CH_3COOH][OH^-]}{[CH_3COO^-]} \tag{3.9}$$

酢酸イオンの場合は，$K_b = 5.75 \times 10^{-10}$ mol L^{-1}であるが，同様にして，$-\log K_b = \text{p}K_b = 9.24$と表す．ただし，酢酸イオンの塩基解離定数は，その共役酸である酢酸の酸解離定数と無関係のはずはない．その積を作ってみると

[*1] 解離定数や物質量濃度を常用対数として示す場合，本来はここで示すように，mol L^{-1}などの適切な単位で除したものについてlogを付すべきであるが，簡便のために以下では省略する．

$$K_a \times K_b = \frac{[CH_3COO^-][H^+]}{[CH_3COOH]} \frac{[CH_3COOH][OH^-]}{[CH_3COO^-]} = [H^+][OH^-] = K_W \quad (3.10)$$

となる．K_Wは式(3.4)から水分子を除いた反応の平衡定数に相当し，**水のイオン積**（ionic product of water）あるいは水の**自己プロトリシス定数**（autoprotolysis constant）とよばれ，水溶液中では常に10^{-14} mol^2 L^{-2}である．したがって，塩基としての強さを示すK_bやpK_bは，その共役酸のK_aやpK_aを利用して算出できる．

例題3.1

アンモニアの塩基解離定数を算出せよ．なお，アンモニウムイオンの酸解離定数には付表1の値を用いよ．

解答

アンモニウムイオンの酸解離平衡と酸解離定数は

$$NH_4^+ \rightleftharpoons NH_3 + H^+$$

$$K_a = \frac{[NH_3][H^+]}{[NH_4^+]} = 10^{-9.26} \text{ mol L}^{-1}$$

一方，アンモニアの塩基解離平衡と塩基解離定数は

$$NH_3 \rightleftharpoons NH_4^+ + OH^-$$

$$K_b = \frac{[NH_4^+][OH^-]}{[NH_3]}$$

である．

$$pK_b = pK_W - pK_a = 14.0 - 9.26 = 4.74$$

となる．

塩酸HClや硝酸HNO_3のような強酸では，すべての水素イオンが水に移動して，酸解離定数の分母に相当する濃度が実質的に0となるために，K_aは数値として表すことができない．

$$\begin{aligned} HCl &\rightarrow H^+ + Cl^- \\ HNO_3 &\rightarrow H^+ + NO_3^- \\ HClO_4 &\rightarrow H^+ + ClO_4^- \\ H_2SO_4 &\rightarrow H^+ + HSO_4^- \end{aligned} \tag{3.11}$$

もともとの化学種であるHClやHNO_3は残っておらず，加えたすべてが水中でもっとも強い酸H^+となっているため，これらの水溶液は酸としての能力に差がない．

同様にして，水酸化リチウムLiOHや水酸化ナトリウムNaOHの場合は，すべての水酸化物イオンが水に移動し，塩基としての能力は同じとなり，K_bは数値として表せない．

$$\begin{aligned} LiOH &\rightarrow Li^+ + OH^- \\ NaOH &\rightarrow Na^+ + OH^- \\ KOH &\rightarrow K^+ + OH^- \end{aligned} \tag{3.12}$$

このように溶媒としての水が酸や塩基の能力に限界を与える働きを**水平化効果**（leveling effect）という．

◎ 水以外の溶媒

水以外の溶媒（非水溶媒，nonaqueous solvent）を用いると，溶媒との間で水素イオンの授受がない，授受があっても溶媒自身の酸性や塩基性が水とは異なる，誘電率が低いためにイオンは会合するなどの理由で，例えば式(3.1′)で示されるように，水溶液中とはまったく異なった反応を起こすことがある．

$$CH_3COOH + NH_3 \rightleftharpoons (CH_3COO^-, NH_4^+) \tag{3.1′}$$

この性質を効果的に利用する**非水溶媒滴定**（nonaqueous titration）などの分析法もある．

3.3　一塩基酸あるいは一酸塩基だけを含む溶液

一般的な**一塩基酸**（解離可能な水素を1つだけもつ酸）HAを濃度C_{HA}となるように溶かした溶液について考える*2．この溶液中では次のような2つの平衡が成立している．

$$HA \rightleftharpoons H^+ + A^- \tag{3.13}$$

$$H_2O \rightleftharpoons H^+ + OH^- \tag{3.14}$$

式(3.13)に従って，加えたHAの一部はH^+およびA^-となり，結果的にHAとH^+という2種類の酸として存在していることになる．しかし，2.4節で述べた物質収支を考慮すると，平衡状態で溶液中に存在するA^-を含む化学種すべての濃度，あるいはH^+を含む化学種すべての濃度を合計すれば，それぞれC_{HA}と一致するはずである．この状態の量的な関係を式(3.15)，式(3.16)および**図3.1**に示す．

$$C_{HA} = [HA] + [A^-] \tag{3.15}$$

$$C_{HA} = [HA] + [H^+] - [OH^-] \tag{3.16}$$

ここで，式(3.16)の最後の項（$-[OH^-]$）に違和感があるかもしれないので補足しておく．溶液中の水素イオンには，式(3.14)に従って水から出てくるものも含まれるが，その分の濃度は式(3.14)で示すように［OH^-］と等しいので，これを差し引いておけば収支があう．

式(3.15)と式(3.16)の右辺は同じ値で，さらに［HA］は共通なので

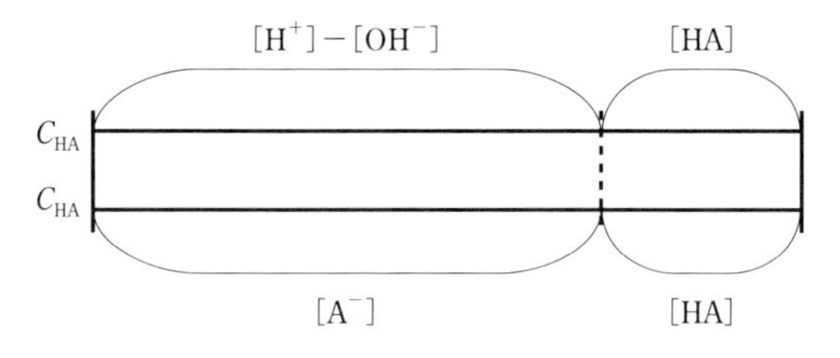

図3.1　酸HA溶液中の量的な関係

*2　**一酸塩基**（水素イオンを1つだけ受け取る塩基）の溶液については例題3.4を参照．

$$[A^-] = [H^+] - [OH^-] \tag{3.17}$$

の関係が得られる．

また，式(3.17)を式(3.15)に代入すると［HA］は

$$[HA] = C_{HA} - ([H^+] - [OH^-]) \tag{3.18}$$

と表すことができる．これらが次の平衡定数によって支配されているので，

$$K_a = \frac{[A^-][H^+]}{[HA]} \tag{3.19}$$

となる．式(3.17)および式(3.18)を式(3.19)に代入すると式(3.20)が得られる．

$$K_a = \frac{([H^+]-[OH^-])[H^+]}{C_{HA}-([H^+]-[OH^-])} \tag{3.20}$$

これが酸溶液の［H^+］を支配する厳密な式であり，水のイオン積を用いれば，水素イオン濃度だけの式にすることができる．しかし，特殊な場合を除いて酸を溶解すれば［H^+］$> 10^{-6}$であるので，［OH^-］$< 10^{-8}$となる．したがって，［OH^-］は多くても［H^+］の1／100以下であり，式(3.20)中の（　）の中は十分に高い精確さで式(3.21)のように近似することができる．

◎電気的中性の原理

式(3.17)を変形すると次式が得られる．

$$[H^+] = [A^-] + [OH^-] \tag{3.17′}$$

一般に溶液は電気的な中性を保つ（**電気的中性の原理**，principle of electroneutrality)．したがって，正および負の電荷をもつものの濃度の合計が一致するとして，式(3.17′)を直接に導出できる．しかし，このように考える場合には，酸塩基反応に直接は関与しないが電荷をもつイオン（例えば酸としての塩化アンモニウムの場合についてはCl^-）の濃度まで考えなければならない．また，それによって得られる情報は，上に述べた水素イオンに関する物質収支と同じである．

$$[\mathrm{H^+}] - [\mathrm{OH^-}] \approx [\mathrm{H^+}] \tag{3.21}$$

その結果，式(3.20)は

$$K_\mathrm{a} = \frac{[\mathrm{H^+}]^2}{C_\mathrm{HA} - [\mathrm{H^+}]} \tag{3.22}$$

となる．いろいろな$\mathrm{p}K_\mathrm{a}$の酸がいろいろな濃度で示す$[\mathrm{H^+}]$を式(3.22)に従って算出し，$\mathrm{pH} = -\log[\mathrm{H^+}]$に対して示すと*3，**図3.2**のようになる．一見したところは複雑に見えるが，a, b, cの3つの領域に分けると理解しやすい．

a：この領域ではpHと$-\log C_\mathrm{HA}$は一致している．強酸あるいはある程度弱い酸を希薄にした場合に相当し，加えた酸は完全に解離するために，$[\mathrm{H^+}] = C_\mathrm{HA}$となるので，pHは式(3.23)のようになる．

$$\mathrm{pH} = -\log C_\mathrm{HA} \tag{3.23}$$

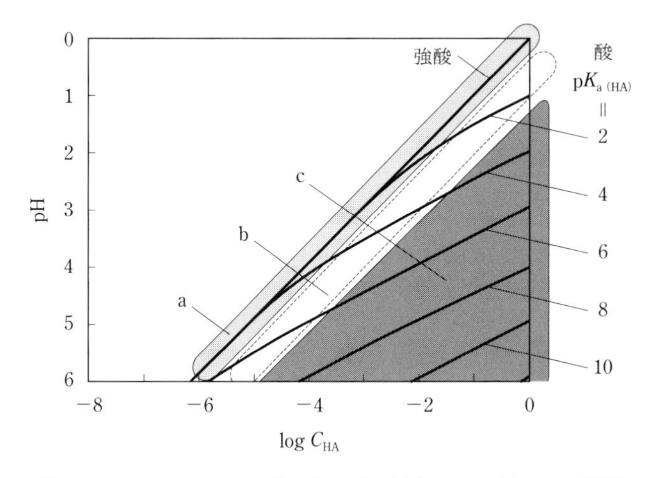

図3.2　いろいろな$\mathrm{p}K_\mathrm{a}$の値をもつ酸に対するpHと濃度との関係

*3　pHはピーエッチまたはピーエイチと読む．本来のpHは，実質的に有効な水素イオンの物質量に相当する活量（2.6節）の常用対数にマイナス符号をつけたものを意味するが，本書の以下の取り扱いではこのように定義して用いる．9.4節で詳しく説明するように，両者の間のずれは容易に補正できる．

b：aとcの境界にある領域で，$\log C_{HA}$の変化に対してpHは曲線的に変化している．式(3.22)の2次方程式を式(3.24)のように解くことによって$[H^+]$を算出し，pHを得る．

$$[H^+] = \frac{\sqrt{(K_a)^2 + 4 \times K_a \times C_{HA}} - K_a}{2} \tag{3.24}$$

c：この領域ではpHは$\log C_{HA}$に対して傾き0.5の直線を示す．aとは反対に弱い酸が比較的濃厚に存在し，そのほとんどが解離していない場合に相当する．この条件では，式(3.22)の分母で$C_{HA} \gg [H^+]$であるため，

$$C_{HA} - [H^+] \approx C_{HA} \tag{3.25}$$

と近似でき，$[H^+] = (K_a \times C_{HA})^{1/2}$となるので，pHは式(3.26)のようになる．

$$\mathrm{pH} = -\frac{1}{2}\log C_{HA} + \frac{1}{2}\mathrm{p}K_a \tag{3.26}$$

例題3.2

10^{-1} mol L^{-1}および10^{-5} mol L^{-1}の酢酸溶液のpHを求めよ．

解答

$C_{HA} = 10^{-1}$ mol L^{-1}の場合について，式(3.25)の近似が成立すると仮定すると，式(3.26)から，pH＝2.88，$[H^+] = 0.01 \times 10^{-1}$ mol L^{-1}と算出される．実際に$C_{HA} = 10^{-1}$ mol L^{-1}のわずか1％しか解離していないので，近似は正当であることが確認できる．仮に式(3.24)で厳密に計算しても，同じ結果になる．

$C_{HA} = 10^{-5}$ mol L^{-1}の場合について同様に考えると，pH＝4.88，$[H^+] = 1.32 \times 10^{-5}$ mol L^{-1}となり，C_{HA}より大きくなってしまうので，この条件では近似できないことがわかる．そこで式(3.24)を解いてみると，$[H^+] = 0.71 \times 10^{-5}$ mol L^{-1}，pH＝5.15となる．実際に，$C_{HA} = 10^{-5}$ mol L^{-1}の71％が解離するために，式(3.25)の近似は成立しないことがわかる．

例題3.3

陽イオン性の酸であるアンモニウムイオンを含む塩である塩化アンモニウムの場合について，式(3.13)～式(3.17)に対応する式を示せ.

解答

アンモニウムイオンと塩化物イオンに解離したうえで，式(3.13′)のように酸解離反応を起こすので，量的な関係は

$$NH_4^+ \rightleftharpoons H^+ + NH_3 \qquad (3.13')$$

$$H_2O \rightleftharpoons H^+ + OH^- \qquad (3.14)$$

$$C_{HA} = [NH_4^+] + [NH_3] \qquad (3.15')$$

$$C_{HA} = [NH_4^+] + [H^+] - [OH^-] \qquad (3.16')$$

となり，式(3.15′)と式(3.16′)から

$$[H^+] = [NH_3] + [OH^-] \qquad (3.17')$$

となる.

なお，電気的中性の原理では,

$$[NH_4^+] + [H^+] = [Cl^-] + [OH^-]$$

となり，さらに塩化アンモニウムから生じた物質の量的な関係

$$[Cl^-] = [NH_3] + [NH_4^+]$$

を用いると，式(3.17′)を導出できる.

例題3.4

一般の一酸塩基Bの溶液について，式(3.13)～式(3.26)に対応する式を導出せよ．また，その結果を用いて，10^{-2} mol L^{-1}のアンモニア溶液のpHを求めよ.

解答

まったく同じように考えることができる．対応する式のみを以下に示す．

$$B \rightleftharpoons BH^+ + OH^- \tag{3.13''}$$

$$H_2O \rightleftharpoons H^+ + OH^- \tag{3.14}$$

$$C_B = [B] + [BH^+] \tag{3.15''}$$

$$C_B = [B] + [OH^-] - [H^+] \tag{3.16''}$$

$$[BH^+] = [OH^-] - [H^+] \tag{3.17''}$$

$$[B] = C_B - ([OH^-] - [H^+]) \tag{3.18''}$$

$$K_b = \frac{[BH^+][OH^-]}{[B]} \tag{3.19''}$$

$$K_b = \frac{([OH^-] - [H^+])[OH^-]}{C_B - ([OH^-] - [H^+])} \tag{3.20''}$$

$$[OH^-] - [H^+] \approx [OH^-] \tag{3.21''}$$

$$K_b = \frac{[OH^-]^2}{C_B - [OH^-]} \tag{3.22''}$$

$$pH = 14 + \log C_B \tag{3.23''}$$

$$[OH^-] = \frac{\sqrt{(K_b)^2 + 4 \times K_b \times C_B} - K_b}{2} \tag{3.24''}$$

$$C_B - [OH^-] \approx C_B \tag{3.25''}$$

$$pH = 14 + \frac{1}{2}\log C_B - \frac{1}{2}\,pK_b \tag{3.26''}$$

$C_B = 10^{-2}$ mol L^{-1}の場合について，式(3.25′)の近似が成立すると仮定すると，式(3.26″)から，pH＝10.63，$[OH^-] = 0.04 \times 10^{-2}$ mol L^{-1}と算出される．実際に$C_B = 10^{-2}$ mol L^{-1}のわずか4 %しか解離していないので，近似は正当であることが確認できる．仮に式(3.24″)で厳密に解くと，$[OH^-] = 4.18 \times 10^{-4}$ mol L^{-1}，pH＝10.62となり，近似をしてもほとんど影響のないことがわかる．

3.4　一塩基酸と強塩基の混合溶液

酸HAと任意の量の強塩基を混合した場合の平衡を考える．酸塩基滴定では，濃度$C_{HA}{}^*$(mol L^{-1})が未知の酸溶液（その体積をV_{HA}(mL)とする)に対して，濃度$C_{OH}{}^*$(mol L^{-1})が既知の強塩基(その体積をV_{OH}(mL)とする)を加えていく．そして，$C_{HA}{}^* \times V_{HA} = C_{OH}{}^* \times V_{OH}$の関係を満たす点(**当量点**，equivalence point)になるべく近くなるように**終点**（end point)の体積V_{OH}を決定し，$C_{HA}{}^* = C_{OH}{}^* \times V_{OH}/V_{HA}$の関係を用いて$C_{HA}{}^*$を算出する．滴定の過程で，全体の体積は（$V_{HA} + V_{OH}$)(mL)に変化するので，希釈を考慮すると，滴定中の酸および強塩基の濃度C_{HA}およびC_{OH}はそれぞれ式(3.27)および式(3.28)のようになる．

$$C_{HA} = \frac{C_{HA}{}^* \times V_{HA}}{V_{HA} + V_{OH}} \tag{3.27}$$

$$C_{OH} = \frac{C_{OH}{}^* \times V_{OH}}{V_{HA} + V_{OH}} \tag{3.28}$$

このとき，酸に対して加えた強塩基の物質量の比である**滴定率**（titration fraction）aは

$$\begin{aligned} a &= \frac{C_{OH}}{C_{HA}} \\ &= \frac{\dfrac{C_{OH}{}^* \times V_{OH}}{V_{HA} \times V_{OH}}}{\dfrac{C_{HA}{}^* \times V_{HA}}{V_{HA} \times V_{OH}}} \\ &= \frac{C_{OH}{}^* \times V_{OH}}{C_{HA}{}^* \times V_{HA}} \end{aligned} \tag{3.29}$$

で表され，希釈の影響は打ち消し合う．以下では，このような希釈による煩雑さを避けるために，式(3.27)および式(3.28)で示す希釈後の濃度C_{HA}およびC_{OH}を用い，かつC_{HA}が一定の条件で考える．例えば，0.1 mol L^{-1}の酢酸の滴定という場合，いろいろな量の塩基を加えた後の酢酸溶液の濃度が常に0.1 mol L^{-1}であると考える．なお，この希釈の影響は容易に補正できる．

3.4.1　滴定曲線

任意の点での，試料中の酸および滴定試薬としての強塩基の量的な関係を**図3.3**に示す．

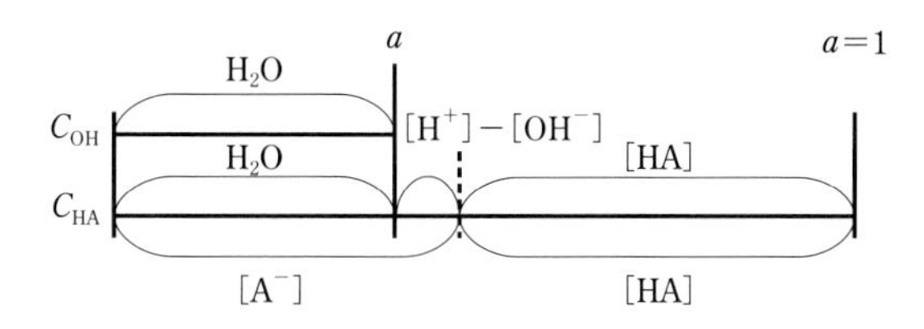

図3.3　一塩基酸の強塩基による滴定における量的な関係

当量点前（$C_{HA} > C_{OH}$）に，この反応系に残っていて滴定可能な酸の濃度は，試料中に存在した酸の濃度C_{HA}から加えた強塩基の濃度C_{OH}を差し引いた値となる．それが溶液中ではHAとH^+という2種類の酸として存在しているが，H^+の一部は水由来なので差し引くと，式(3.30)のようになる．

$$C_{HA} - C_{OH} = [HA] + [H^+] - [OH^-] \tag{3.30}$$

なお，式(3.30)は一般に成り立つ式であり，当量点後（$C_{HA} < C_{OH}$）の$C_{HA} - C_{OH}$は，過剰に加えた塩基の濃度を，負の値として示したことになる．HAに関する物質収支の式(3.15)に酸解離定数の式(3.19)から［A^-］を代入して変形すると，

$$C_{HA} = [HA] + [A^-] = \frac{[HA] \times (K_a + [H^+])}{[H^+]} \tag{3.31}$$

となり，HAの濃度［HA］を式(3.32)のようにC_{HA}，K_aおよび［H^+］で表すことができる．

$$[HA] = C_{HA} \times \frac{[H^+]}{K_a + [H^+]} \tag{3.32}$$

これを式(3.30)に代入して，両辺をC_{HA}で割ると

$$1-\frac{C_{\mathrm{OH}}}{C_{\mathrm{HA}}}=\frac{[\mathrm{H}^+]}{K_\mathrm{a}+[\mathrm{H}^+]}+\frac{[\mathrm{H}^+]-[\mathrm{OH}^-]}{C_{\mathrm{HA}}} \tag{3.33}$$

となり，左辺第2項に相当する滴定率a（$=C_{\mathrm{OH}}/C_{\mathrm{HA}}$）は式(3.34)で表される．

$$a=\frac{K_\mathrm{a}}{K_\mathrm{a}+[\mathrm{H}^+]}-\frac{[\mathrm{H}^+]-[\mathrm{OH}^-]}{C_{\mathrm{HA}}} \tag{3.34}$$

これが一塩基酸を強塩基で滴定する場合の**滴定曲線**（titration curve）を表す一般式である．

試料が強酸である場合にはK_aが限りなく大きいので，式(3.34)の第1項は1となり，滴定曲線を表す一般式は次のように簡略化される．

$$a=1-\frac{[\mathrm{H}^+]-[\mathrm{OH}^-]}{C_{\mathrm{HA}}} \tag{3.35}$$

一方，弱酸の場合は，一般に滴定初期と当量点の近傍以降を除くと（$a=0.1$～0.9），逆に式(3.34)の第2項が無視できるほど小さくなるために，

$$a=\frac{K_\mathrm{a}}{K_\mathrm{a}+[\mathrm{H}^+]} \tag{3.36}$$

となる．この式は**ヘンダーソンの式**（Henderson equation）とよばれる．先に述べた式(3.31)で逆に［HA］を消去するように変形すると，式(3.37)が得られる．

$$\frac{[\mathrm{A}^-]}{C_{\mathrm{HA}}}=\frac{K_\mathrm{a}}{K_\mathrm{a}+[\mathrm{H}^+]} \tag{3.37}$$

この式の右辺は式(3.36)の右辺と同じなので，この条件では

$$a=\frac{[\mathrm{A}^-]}{C_{\mathrm{HA}}} \tag{3.38}$$

ということになる．例えば，例題3.2で10^{-1} mol L^{-1}の酢酸溶液は塩基を加えていなくても，その1％がA^-になっており，それとともに水中でもっとも強い酸H^+が生成しているが，塩基を加えていくとH^+が優先的に消費されて，少

し滴定が進めば加えた塩基とA^-の量が一致するようになることを式(3.38)は示している．

また，酸がそれほど弱くない場合（$pK_a < 6$）には，$[H^+]/K_a \ll 1$となり，式(3.34)は当量点の近傍以降では，式(3.39)のように近似することができる．

$$a = 1 - \frac{[H^+]}{K_a} - \frac{[H^+] - [OH^-]}{C_{HA}} \tag{3.39}$$

式(3.39)から滴定曲線（$-\log[H^+]$ とaの関係）の変曲点は当量点と一致することを導くことができる．

一方，ある程度以上に弱い酸の場合には当量点付近でのpH変化が小さいために，適切に終点を決定することは一般に困難である．ホウ酸（$pK_a = 9.24$）はこのような酸の1つで通常の酸塩基滴定は不可能であるが，糖などのポリオール（HO──OH）を共存させると，次式によって見かけ上は強酸であるかのようにふるまうために，酸塩基滴定が可能となる．

$$B(OH)_3 + HO──OH \rightleftharpoons \left[\left(\begin{matrix}O \\ O\end{matrix}\right\rangle B(OH)_2\right]^- + H_2O + H^+$$

この反応自体は古くから知られていたが，近年ではこの反応がむしろ糖の分析に有効に利用されている．

例題3.5

10^{-1} mol L^{-1}の塩酸および酢酸溶液を水酸化ナトリウムで滴定する場合の滴定曲線を算出せよ．

解答

塩酸の場合，例えばpH 1.0，1.5，2.0，3.0を式(3.35)に代入してみると

pH 1.0	$a = 1 - 1 = 0.0$
pH 1.5	$a = 1 - 0.32 = 0.68$
pH 2.0	$a = 1 - 0.10 = 0.90$
pH 3.0	$a = 1 - 0.01 = 0.99$

と算出される．

酢酸の場合，例えばpH 2.88，3.0，3.5，3.8，4.0，5.0，6.0を式(3.34)に代入し，第1項と第2項を分けて示してみると

	第1項	第2項	
pH 2.88	$a = 0.013$	$-\ 0.013$	$= 0.000$
pH 3.0	$a = 0.017$	$-\ 0.010$	$= 0.007$
pH 3.5	$a = 0.052$	$-\ 0.003$	$= 0.049$
pH 3.8	$a = 0.099$	$-\ 0.002$	$= 0.097$
pH 4.0	$a = 0.148$	$-\ 0.001$	$= 0.147$
pH 5.0	$a = 0.635$	$-\ 0.000$	$= 0.635$
pH 6.0	$a = 0.946$	$-\ 0.000$	$= 0.946$

となり，10％程度以上滴定すると（つまり$a > 0.1$では)，第2項が小さくなり式(3.36)で近似できることがわかる．さらにいろいろなpHで計算して，縦軸にpH，横軸に滴定率をとってプロットすると，**図3.4**に示すような**理論滴定曲線**が描ける．いずれの滴定曲線も$a = 1$に大きなpH変化（**pHジャンプ**）があるが，強酸の場合（図3.4の塩酸）の方がpHジャンプが大きい．

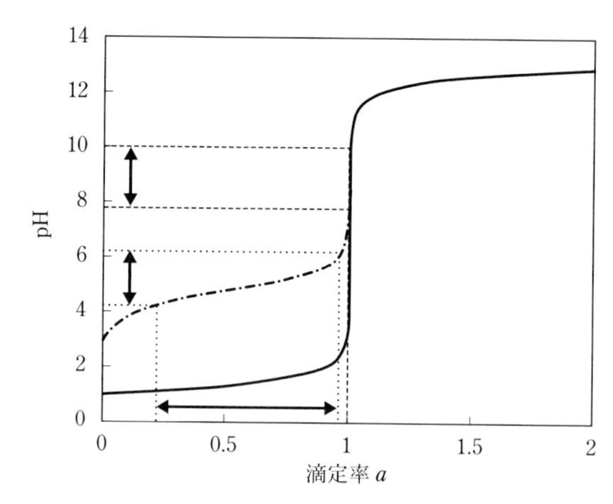

図3.4　10^{-1} mol L^{-1} 塩酸および酢酸の強塩基による滴定曲線
実線：塩酸，一点鎖線：酢酸．破線と点線は指示薬（3.7節参照）の変色範囲pHと対応する滴定率を示す．破線：フェノールフタレイン，点線：メチルレッド．

例題3.6

逆に，一般の塩基Bを塩酸などの強酸で滴定する場合についての滴定曲線を表す関係式を導出せよ．

解答

滴定率（$a=C_H/C_B$）はBに関する物質収支，Bの共役酸の酸解離定数K_a（$=[H^+][B]/[HB^+]$）から導出できる．対応する式のみを示す．

$$C_B - C_H = [B] + [OH^-] - [H^+] \tag{3.30'}$$

$$C_B = [B] + [BH^+] = \frac{[B]\times(K_a + [H^+])}{K_a} \tag{3.31'}$$

$$[B] = C_B\times\frac{K_a}{K_a + [H^+]} \tag{3.32'}$$

$$1 - \frac{C_H}{C_B} = \frac{K_a}{K_a + [H^+]} + \frac{[OH^-] - [H^+]}{C_B} \tag{3.33'}$$

$$a = \frac{[H^+]}{K_a+[H^+]} - \frac{[OH^-] - [H^+]}{C_B} \tag{3.34'}$$

$$a = 1 - \frac{[OH^-] - [H^+]}{C_B} \tag{3.35'}$$

$$a = \frac{[H^+]}{K_a + [H^+]} \tag{3.36'}$$

3.4.2　化学種の分布

式(3.32)を変形すると式(3.40)が得られる．式(3.37)とともに示す．

$$\frac{[A^-]}{C_{HA}} = \frac{K_a}{K_a + [H^+]} \tag{3.37}$$

$$\frac{[HA]}{C_{HA}} = \frac{[H^+]}{K_a + [H^+]} \tag{3.40}$$

式(3.37)および式(3.40)は，溶液のpHが決まれば，溶液中のHAおよびA^-の存在率が決まることを示している．これは2.2節で述べた通りである．酢酸の場合について，縦軸に存在率，横軸にpHをとり，分布曲線を描くと**図3.5**(a)のようになる．この図によれば，pH 2.5以下でA^-（すなわちCH_3COO^-）は非常に少ないことしかわからないが，酸塩基平衡以外の反応が関与する場合には，その少ない量を正確に知ることが重要になる．その程度を表現する際には，式(3.37)の逆数に相当する値αを用いる．

$$\alpha = \frac{C_{\mathrm{HA}}}{[\mathrm{A}^-]} = 1 + \frac{[\mathrm{H}^+]}{K_\mathrm{a}} \tag{3.41}$$

αは**副反応係数**（side-reaction coefficient）とよばれ，4章以降で解説するように，他の反応を考える際に有効なパラメーターである．

pHが高くA^-が主となる条件では，$\alpha = 1$，$\log \alpha = 0$であるのに対して，pHが低くHAが主となる条件では，$\alpha = [\mathrm{H}^+]/K_\mathrm{a}$，$\log \alpha = -\mathrm{pH} + \mathrm{p}K_\mathrm{a}$と，pHに対して傾き$-1$の直線となる．全領域では$\log \alpha$とpHの関係は図3.5(b)のように

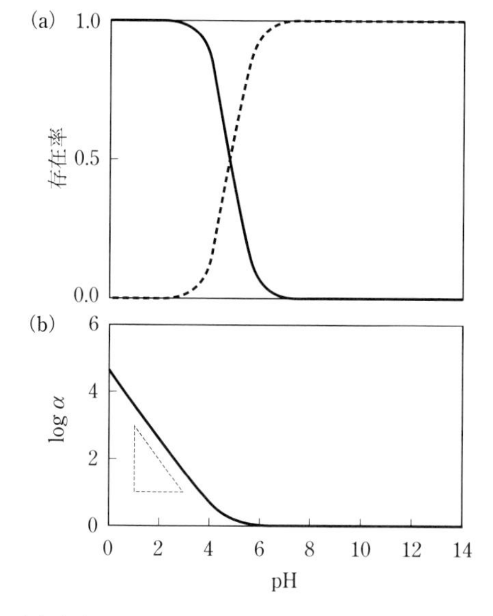

図3.5　(a)酢酸系の分布曲線および(b)酢酸イオンの副反応係数
(a)実線：CH_3COOH，破線：CH_3COO^-，(b)図中の三角は傾き-1を示す．

なる.

3.5　多塩基酸と強塩基の混合溶液

硫酸やリン酸などの**多塩基酸**（複数の解離可能な水素をもつ酸）の取り扱いについて考える．複数の酸を含む溶液や，弱酸と弱塩基の混合溶液も同様に取り扱うことができる．以下では，具体的にリン酸の場合について述べる．

リン酸の3段階の酸解離反応に，次のような3つの解離定数が対応する．

$$\mathrm{H_3PO_4} \underset{K_3}{\overset{K_{a1}}{\rightleftharpoons}} \mathrm{H_2PO_4^{-}} \underset{K_2}{\overset{K_{a2}}{\rightleftharpoons}} \mathrm{HPO_4^{2-}} \underset{K_1}{\overset{K_{a3}}{\rightleftharpoons}} \mathrm{PO_4^{3-}} \tag{3.42}$$

$$K_{a1} = \frac{[\mathrm{H_2PO_4^-}][\mathrm{H^+}]}{[\mathrm{H_3PO_4}]} = 10^{-2.12}\ \mathrm{mol\ L^{-1}} \tag{3.43}$$

$$K_{a2} = \frac{[\mathrm{HPO_4^{2-}}][\mathrm{H^+}]}{[\mathrm{H_2PO_4^-}]} = 10^{-7.21}\ \mathrm{mol\ L^{-1}} \tag{3.44}$$

$$K_{a3} = \frac{[\mathrm{PO_4^{3-}}][\mathrm{H^+}]}{[\mathrm{HPO_4^{2-}}]} = 10^{-12.32}\ \mathrm{mol\ L^{-1}} \tag{3.45}$$

当然であるが，前段の反応ほど大きな定数を有する（付表1参照）．一方，一塩基酸の場合の式(3.7)に対応するプロトン付加定数は逆順で次のように定義され，解離定数とは次のような関係にある．

$$K_1 = \frac{[\mathrm{HPO_4^{2-}}]}{[\mathrm{PO_4^{3-}}][\mathrm{H^+}]} = \frac{1}{K_{a3}} = 10^{12.32}\ \mathrm{mol^{-1}\ L} \tag{3.46}$$

$$K_2 = \frac{[\mathrm{H_2PO_4^-}]}{[\mathrm{HPO_4^{2-}}][\mathrm{H^+}]} = \frac{1}{K_{a2}} = 10^{7.21}\ \mathrm{mol^{-1}\ L} \tag{3.47}$$

$$K_3 = \frac{[\mathrm{H_3PO_4}]}{[\mathrm{H_2PO_4^-}][\mathrm{H^+}]} = \frac{1}{K_{a1}} = 10^{2.12}\ \mathrm{mol^{-1}\ L} \tag{3.48}$$

こちらも，前段の反応ほど大きな定数を有する．これらの平衡定数は式(3.42)で隣りあった化学種の間の関係を示しており，**逐次生成定数**（stepwise formation constant）とよぶ．以下の取り扱いでは，すべての化学種について水素イオンをもたないPO_4^{3-}との関係が必要になるので，あらかじめ次のような定数を定義して準備をしておくが，その値は次のように算出される．

$$\beta_1 = \frac{[HPO_4^{2-}]}{[PO_4^{3-}][H^+]} = K_1 = 10^{12.32}\ \mathrm{mol^{-1}\ L} \tag{3.49}$$

$$\beta_2 = \frac{[H_2PO_4^{-}]}{[PO_4^{3-}][H^+]^2} = K_1 \times K_2 = 10^{19.53}\ \mathrm{mol^{-2}\ L^2} \tag{3.50}$$

$$\beta_3 = \frac{[H_3PO_4]}{[PO_4^{3-}][H^+]^3} = K_1 \times K_2 \times K_3 = 10^{21.65}\ \mathrm{mol^{-3}\ L^3} \tag{3.51}$$

これらの定数は**全生成定数**（overall protonation constant，overall formation constant）とよぶ．

濃度C_Pのリン酸に対して濃度C_{OH}となるように強塩基を加えた任意の点を考える．この反応系に残っていて滴定可能な酸の濃度は，試料中に存在した水素イオンの濃度$3 \times C_P$から，加えた強塩基の濃度C_{OH}を差し引いた値である．それが溶液中ではHPO_4^{2-}の上に1つ，$H_2PO_4^-$の上に2つ，H_3PO_4の上に3つ乗っているのに加えてH^+として存在しているが，その一部は水由来なので差し引く．

$$3 \times C_P - C_{OH} = [HPO_4^{2-}] + 2 \times [H_2PO_4^-] + 3 \times [H_3PO_4] + [H^+] - [OH^-] \tag{3.52}$$

一方，リン酸の物質収支に関して式(3.54)が得られる．

$$C_P = [PO_4^{3-}] + [HPO_4^{2-}] + [H_2PO_4^-] + [H_3PO_4] \tag{3.53}$$

$$= [PO_4^{3-}](1 + \beta_1[H^+] + \beta_2[H^+]^2 + \beta_3[H^+]^3) \tag{3.54}$$

式(3.41)と対応させると，式(3.54)の(　　)内の部分はリン酸イオンPO_4^{3-}の副反応係数αとなる．

$$\alpha = \frac{C_P}{[PO_4^{3-}]} = 1 + \beta_1[H^+] + \beta_2[H^+]^2 + \beta_3[H^+]^3 \tag{3.55}$$

式(3.52)の両辺を C_P で割ると

$$3 - \frac{C_{OH}}{C_P} = \frac{[HPO_4^{2-}] + 2\times[H_2PO_4^-] + 3\times[H_3PO_4]}{C_P} + \frac{[H^+] - [OH^-]}{C_P} \tag{3.56}$$

となる．式(3.56)の右辺第1項の分母を，式(3.53)を用いて書き換えると式(3.57)となる．

$$\bar{n} = \frac{[HPO_4^{2-}] + 2\times[H_2PO_4^-] + 3\times[H_3PO_4]}{[PO_4^{3-}] + [HPO_4^{2-}] + [H_2PO_4^-] + [H_3PO_4]} \tag{3.57}$$

この値はリン酸イオンが平均で何個の水素イオンをもっているかを示しており，**平均プロトン数**（average number of protons）とよび，$\bar{n}$ と表す．

以上を整理すると滴定率 a（$=C_{OH}/C_P$）は式(3.58)で表される．

$$a = 3 - \bar{n} - \frac{[H^+] - [OH^-]}{C_P} \tag{3.58}$$

これがリン酸の強塩基による滴定の滴定曲線を表す一般式である．

例題3.7

10^{-2} mol L^{-1} のリン酸溶液を水酸化ナトリウムで滴定する場合の滴定曲線を描いてみよ．

解答

例えばpH 7まで滴定すると

$$\alpha = 1 + 10^{12.32-7} + 10^{19.53-7\times2} + 10^{21.65-7\times3} = 1 + 10^{5.32} + 10^{5.53} + 10^{0.65} = 10^{5.74}$$

となる．この時点で $[PO_4^{3-}]:[HPO_4^{2-}]:[H_2PO_4^-]:[H_3PO_4] = 1:10^{5.32}:10^{5.53}:10^{0.65}$ であることがわかり，それぞれの濃度は

$$[\mathrm{PO_4}^{3-}] = 10^{-2} \times \frac{1}{10^{5.74}} = 10^{-7.74}\ \mathrm{mol\ L^{-1}}$$

$$[\mathrm{HPO_4}^{2-}] = 10^{-2} \times \frac{10^{5.32}}{10^{5.74}} = 10^{-2.42}\ \mathrm{mol\ L^{-1}}$$

$$[\mathrm{H_2PO_4}^{-}] = 10^{-2} \times \frac{10^{5.53}}{10^{5.74}} = 10^{-2.21}\ \mathrm{mol\ L^{-1}}$$

$$[\mathrm{H_3PO_4}] = 10^{-2} \times \frac{10^{0.65}}{10^{5.74}} = 10^{-7.09}\ \mathrm{mol\ L^{-1}}$$

と求まる．平均プロトン数は1.62となり，滴定率は

$$a = 3 - 1.62 - \frac{10^{-7} - 10^{-7}}{10^{-2}} = 1.38$$

となる．したがって，pH 7まで滴定するには1.38×10^{-2} mol L^{-1}となるように水酸化ナトリウムを加えればよいということになる．いろいろなpHについてこのような計算を行い，リン酸イオンの分布曲線，平均プロトン数および副反応係数がpHによって変化する様子を示すと**図3.6**のようになる．また，滴定曲線を，平均プロトン数との関係がわかりやすいように，図3.6(b)の中に破線で示した．図3.4のような一般的な滴定曲線と，軸の取り方が異なっていることに注意が必要である．

分布曲線では，リン酸の各化学種が順に増減し，それぞれがあるpHでほぼ100％を占めることがわかる．これはリン酸の3つのプロトン付加定数K_1～K_3が互いに十分に離れているためである．これに対して，例えば図4.2に示すEDTAの場合には，酸性側での3段目以降のプロトン付加定数が接近しているため，プロトン付加が並行して進み，分布曲線は複雑になる．式(3.57)が示す平均プロトン数を示す曲線は分布曲線にプロトンの数の重みをかけた形状となる．リン酸の滴定曲線は，中性付近では$\bar{n}$を上下反転させた形状であり，2段目までの当量点は明確に判定できるが，3段目は酸としての性質が弱いために，当量点を明確に判別できない．最後に，副反応係数は，pHが減少するにつれて増加しているが，プロトン付加定数の常用対数に相当するpHを超えるたびに，傾きが0から−3まで1ずつ変化していることがわかる．

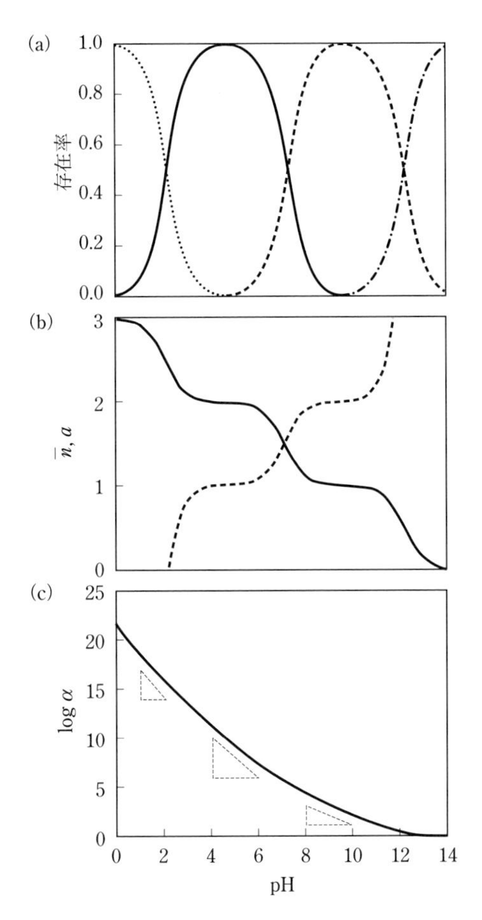

図3.6　(a)リン酸系の分布曲線，(b)平均プロトン数と滴定曲線および(c)副反応係数
(a)点線：H_3PO_4，実線：$H_2PO_4^-$，破線：HPO_4^{2-}，一点鎖線：PO_4^{3-}，(b)実線：$\bar{n}$，破線：a，(c)三角は左から順に傾き−3，−2，−1を表す．

3.6　pH緩衝液

pH緩衝液（pH buffer）とは，酸あるいは塩基を加えても，そのpHが変化しにくいような溶液のことである．さまざまな分離・分析で，最適なpH条件を設定するために広く利用される．

平衡定数が大きな反応を利用する緩衝作用についての一般的な説明は2章の

例題2.4に示した．一般に，共役酸塩基対を含む溶液はpH＝pK_aで最大の，またpH＝pK_a±1の範囲ではある程度の，pH緩衝能力を示す．よく用いられるのは，酢酸–酢酸ナトリウム緩衝液（pH 4～6），リン酸二水素カリウム–リン酸水素二ナトリウム緩衝液（pH 6～8），アンモニア–塩化アンモニウム緩衝液（pH 8～10）などである．

表3.1　pH標準液の種類と組成（JIS Z 8802:2011）

種類	pH標準液の組成（mol kg^{-1}は質量モル濃度）
シュウ酸塩pH標準液	0.05 mol kg^{-1}二シュウ酸三水素カリウム水溶液
フタル酸塩pH標準液	0.05 mol kg^{-1}フタル酸水素カリウム水溶液
中性リン酸塩pH標準液	0.025 mol kg^{-1}リン酸二水素カリウム， 0.025 mol kg^{-1}リン酸水素二ナトリウム水溶液
リン酸塩pH標準液	0.008 695 mol kg^{-1}リン酸二水素カリウム， 0.030 43 mol kg^{-1}リン酸水素二ナトリウム水溶液
ホウ酸塩pH標準液	0.01 mol kg^{-1}四ホウ酸ナトリウム（ホウ砂）水溶液
炭酸塩pH標準液	0.025 mol kg^{-1}炭酸水素ナトリウム， 0.025 mol kg^{-1}炭酸ナトリウム水溶液

表3.2　pH標準液の各温度におけるpH値（典型値）

温度/℃	pH値					
	シュウ酸塩	フタル酸塩	中性リン酸塩	リン酸塩	ホウ酸塩	炭酸塩
0	–	4.000	6.984	7.534	9.464	10.317
5	1.67	3.998	6.951	7.500	9.395	10.245
10	1.67	3.997	6.923	7.472	9.332	10.179
15	1.67	3.998	6.900	7.448	9.276	10.118
20	1.68	4.000	6.881	7.429	9.225	10.062
25	1.68	4.005	6.865	7.413	9.180	10.012
30	1.68	4.011	6.853	7.400	9.139	9.966
35	–	4.018	6.844	7.389	9.102	9.926
37	1.69	4.022	6.841	7.386	9.088	9.910
40	1.69	4.027	6.838	7.380	9.068	9.889
50	1.71	4.050	6.833	7.367	9.011	9.828

［IUPAC recommendations 2002, *Pure Appl. Chem.*, **74**, 2169(2002)］

また, pH計などの装置を校正するために用いられるJIS規格の**pH標準液**（pH standard solution）6種類の組成を**表3.1**に，0℃から50℃における5℃ごとのpH値（典型値）を**表3.2**に示す．表3.1でわかるように，中性リン酸塩pH標準液は二水素および一水素塩を，炭酸塩pH標準液は単純塩と一水素塩を同濃度となるように混合したものである．また，シュウ酸塩pH標準液およびホウ酸塩pH標準液の場合は酸型と塩基型が同じ物質量だけ含まれる単一の化合物が存在するので，それを溶解することで極大の緩衝能をもつ溶液となる．これに対して，フタル酸塩pH標準液の原料は第1当量点に相当する化合物であり，その緩衝能は極小であるが，2つの$\mathrm{p}K_\mathrm{a}$が接近しているために，緩衝能自体は高く，かつ酸あるいは塩基がわずかに加わるとむしろ緩衝能が高くなるという特別な性質をもっている．

このほかにも，水によく溶けて，生理学的なpH付近で緩衝能を示し，金属イオンとの錯形成能力が比較的低いなどの利点で生体関連の研究に広く用いられる**グッド緩衝液**（Good's buffer）や，いろいろな緩衝液を混ぜることで広いpH範囲での使用を可能にした**ユニバーサル緩衝液**（universal buffer）などがある．

例題3.8

酢酸と酢酸イオンの総濃度0.05 mol L^{-1}の酢酸–酢酸ナトリウム緩衝液（pH 5.0）およびアンモニアとアンモニウムイオンの総濃度0.4 mol L^{-1}のアンモニア–塩化アンモニウム緩衝液（pH 10.0）を調製せよ．

解答

前者については，酸を強塩基で滴定する際のヘンダーソンの式(3.36)を用いると滴定率は$a = 0.635$となるので，酢酸として0.0500 mol L^{-1}，水酸化ナトリウムとして0.0317 mol L^{-1}となるように溶液を調製する．

後者については，塩基を強酸で滴定する際のヘンダーソンの式(3.36′)を用いると滴定率は$a = 0.154$となるので，アンモニアとして0.400 mol L^{-1}，塩酸として0.062 mol L^{-1}となるように溶液を調製する．

3.7　酸塩基滴定

すでに述べてきたように，酸あるいは塩基の物質量を精度よく測定するためには，**酸塩基滴定**（中和滴定と呼ばれることもある）が用いられる．理論的に酸と塩基の物質量が同じになる当量点（中和点）を概念として扱ってきたが，実際にはこれにできる限り近い点として終点を何らかの方法（**終点決定法**, end-point determination method）で決定する．例えば，試料の入った容器に，ガラス電極などから構成される**pH計**（pH meter，9.4節参照）をセットして滴定を行い，図3.4や図3.6(b)に示したようなグラフを作成して，その変曲点から終点を判定する．精度を向上させるために，終点付近で少しずつ滴定剤を滴下する，あるいは時間間隔を開けて滴下するなどの機能を備えた**自動滴定装置**がルーチン分析（日常的に多くの試料を処理する分析）で広く利用されている（**図3.7**）．

以下では，古典的な**酸塩基指示薬**（acid-base indicator）を用いる**目視法**による終点決定の原理について述べる．酸塩基指示薬とは，それ自体が酸塩基反応を起こし，酸型と塩基型で異なる色調を示す物質である．指示薬自体も滴定されるが，一般にきわめて低い濃度（10^{-5} mol L^{-1}程度）でも十分に変色が確認できるので，指示薬の酸塩基反応で消費される酸や塩基による誤差は無視できるほど小さい．指示薬（I，関係する電荷は省略）のプロトン付加定数K_{HI}は，**指示薬定数**（indicator constant）とよばれることが多い．

$$K_{HI} = \frac{[HI]}{[H^+][I]} \tag{3.59}$$

指示薬の変色を目視で認識できるのは式(3.60)で示される範囲であり，これに対応するpH範囲は式(3.61)で表される．

$$\frac{1}{10} < \frac{[HI]}{[I]} < \frac{10}{1} \tag{3.60}$$

$$\log K_{HI} - 1 < \mathrm{pH} < \log K_{HI} + 1 \tag{3.61}$$

主な指示薬について指示薬定数と変色の様子を**表3.3**に示す．指示薬を用いて正しい終点を知るためには，指示薬の変色範囲pHと当量点でのpHジャンプ

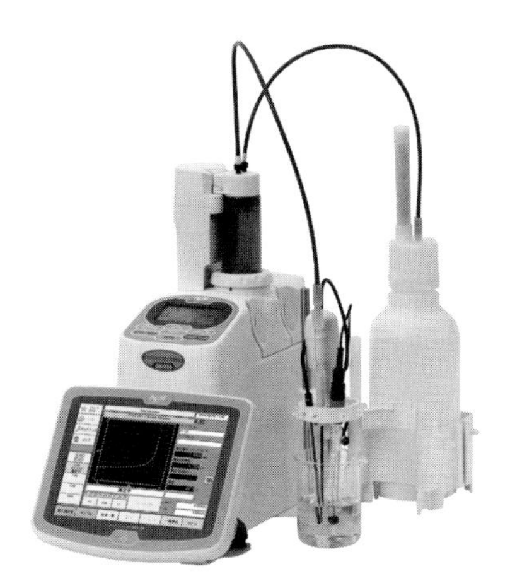

図3.7 自動滴定装置
［写真提供：京都電子工業株式会社］

表3.3 酸塩基指示薬と変色範囲pH

酸塩基指示薬	log K_{HI}	変色範囲pH
チモールブルー	1.65	赤色 1.2～2.8 黄色
メチルオレンジ	3.46	赤色 3.1～4.4 赤みの黄色
ブロモクレゾールグリーン	4.66	黄色 3.8～5.4 青色
メチルレッド	5.00	赤色 4.2～6.2 黄色
ブロモチモールブルー	6.99	黄色 6.0～7.6 青色
フェノールフタレイン	9.53	無色 7.8～10.0 紅色
チモールフタレイン	9.7	無色 8.6～10.5 青色
ブロモクレゾールグリーン－メチルレッド	－	紅色～赤紫色（5.0）～緑色
メチルレッド－メチレンブルー	－	赤紫～灰青色（5.4）～緑色
ニュートラルレッド－ブロモチモールブルー	－	紅色～淡紅色（7.1）～灰緑色～青色

が一致している必要がある．

例えば例題3.5で述べた，0.10 mol L^{-1}酢酸溶液の0.10 mol L^{-1}水酸化ナトリウムによる滴定曲線は図3.4のようになる．指示薬としてフェノールフタレインを用いれば，図中に示すように$a=1$（当量点）付近で無色から紅色への鋭敏な変化が観測される．これに対して，例えば誤ってメチルレッドを用いてしまうと，$a=0.2$付近から徐々に変色してしまうために，終点を正しく判別できない．当量点でのpHジャンプが大きくない場合や変色を見やすくしたい場合，酸塩基指示薬を混ぜて（混合指示薬，表3.3の下３つ）用いることがある．

バーチャル実験3.1

0.01 mol L^{-1}塩酸溶液の標定

容量分析用標準物質の炭酸ナトリウム（モル質量：105.99 g mol^{-1}）を白金るつぼに入れ，600 ℃で約60分間加熱した後，デシケーターに入れて放冷した．その0.1336 gを水250 mLに溶解した．その10.00 mLを三角フラスコにとり，ブロモクレゾールグリーンとメチルレッドの混合指示薬を加えて緑に着色させたのちに，塩酸溶液を滴下したところ，途中からは一瞬赤くなるが強く振ると緑に戻ることの繰り返しであった．これは生成した炭酸が振動によって徐々に二酸化炭素として大気中に放出されるためであった．そこで，緑に戻るのが遅くなった時点で，溶液全体を煮沸して，二酸化炭素を完全に追い出した．冷却後に滴定を続けると，今度は，１滴で灰色に変色し，緑に戻ることはなかった．同じことを３回繰り返したところ，終点までに要した0.01 mol L^{-1}塩酸溶液の体積は9.89 mL，9.91 mL，9.92 mLであった．

炭酸ナトリウム溶液の濃度は

$$\frac{0.1336}{105.99}\times\frac{1000}{250}=5.043\times10^{-3}\ \mathrm{mol\ L^{-1}}$$

であった．滴定値の平均は9.91 mLであり，反応比を考慮すると，塩酸の濃度は

$$5.043\times10^{-3}\times2\times\frac{10.00}{9.91}=1.018\times10^{-2}\ \mathrm{mol\ L^{-1}}$$

と標定された．

第4章　錯形成反応とキレート滴定

水溶液中の金属イオンを精度よく定量するために，**錯形成反応**（complexation，complex formation reaction）を利用した**キレート滴定**（chelatometric titration）が用いられる．この滴定では，pH緩衝液を加えて条件を制御し，沈殿を生成させることなく目的イオンを反応させ，当量点付近での遊離の金属イオンの濃度変化を検出して，終点を決定する．本章では，このために必要な**錯形成平衡**（complexation equilibrium）を定量的に取り扱う方法およびキレート滴定について学ぶ．

4.1　ルイスの酸塩基反応と錯体の生成定数

金属イオンは水中で水の酸素原子から非共有電子対の供与を受けて，**水和イオン**（hydrated ion）として存在しているが，同様に非共有電子対を有する分子やイオンはこの水を置き換えることができる．例えば，銅イオンはアンモニアやエチレンジアミン（$NH_2CH_2CH_2NH_2$，en）と次のように反応する．

$$[Cu(H_2O)_6]^{2+} + NH_3 \rightleftharpoons [Cu(NH_3)(H_2O)_5]^{2+} + H_2O \tag{4.1}$$

$$[Cu(H_2O)_6]^{2+} + en \rightleftharpoons [Cu(en)(H_2O)_4]^{2+} + 2\,H_2O \tag{4.2}$$

以下では，金属周りの配位状況を［ ］で示す．ここで，Cu^{2+}をルイス酸，H_2OやNH_3やenをルイス塩基あるいは**配位子**（ligand），$[Cu(H_2O)_6]^{2+}$を**金属錯体**（metal complex）とよぶ[*1]．NH_3は水分子1つと置き換わり，金属イオンの周りの座席1つを占有するので**単座配位子**（monodentate ligand）とよぶ．単座配位子にはF^-，Cl^-，Br^-，I^-などのような単原子イオン，CN^-，SCN^-，OH^-などのような多原子イオン，NH_3，H_2Oなどのような分子がある．多原子イオンや分子の場合も含めて，実際に金属イオンに配位する原子を**供与原子**（donor

*1　$[Cu(H_2O)_6]^{2+}$はアクア錯体とよばれることがある．

atom）とよぶ．供与原子となる元素には，17族のF，Cl，Br，I，16族のO，S，15族のN，Pなどがある．一般に，金属イオンは4個～9個の交換し得る**配位水**（coordinated water）をもっているので，単座配位子は多段階の錯形成反応を示す．3.1節で述べた酸塩基反応の場合と同様に，この反応によって水の濃度が変化することはないので，通常は水を省略して反応式を書く．式(4.1)の反応系では

$$Cu^{2+} + NH_3 \rightleftharpoons [Cu(NH_3)]^{2+} \tag{4.3}$$

$$[Cu(NH_3)]^{2+} + NH_3 \rightleftharpoons [Cu(NH_3)_2]^{2+} \tag{4.4}$$

$$[Cu(NH_3)_2]^{2+} + NH_3 \rightleftharpoons [Cu(NH_3)_3]^{2+} \tag{4.5}$$

$$[Cu(NH_3)_3]^{2+} + NH_3 \rightleftharpoons [Cu(NH_3)_4]^{2+} \tag{4.6}$$

までのアンモニアとの錯体（アンミン錯体）が，安定に存在する．これらの反応の平衡定数は次のように表され，**逐次生成定数**（stepwise formation constant）あるいは**逐次安定度定数**（stepwise stability constant）とよばれる．なお，錯体の濃度を表す場合には，電荷は［　］の中に入れる．

$$K_1 = \frac{[Cu(NH_3)^{2+}]}{[Cu^{2+}][NH_3]} = 10^{4.04}\ mol^{-1}\ L \tag{4.7}$$

$$K_2 = \frac{[Cu(NH_3)_2{}^{2+}]}{[Cu(NH_3)^{2+}][NH_3]} = 10^{3.43}\ mol^{-1}\ L \tag{4.8}$$

$$K_3 = \frac{[Cu(NH_3)_3{}^{2+}]}{[Cu(NH_3)_2{}^{2+}][NH_3]} = 10^{2.80}\ mol^{-1}\ L \tag{4.9}$$

$$K_4 = \frac{[Cu(NH_3)_4{}^{2+}]}{[Cu(NH_3)_3{}^{2+}][NH_3]} = 10^{1.48}\ mol^{-1}\ L \tag{4.10}$$

酸塩基反応の場合と同様に，各化学種の濃度と［Cu^{2+}］との関係が必要になるので，次のようにして**全生成定数**（overall formation constant）あるいは**全安定度定数**（overall stability constant）とよばれる定数にしておくと便利である．

$$\beta_1 = \frac{[Cu(NH_3)^{2+}]}{[Cu^{2+}][NH_3]} = K_1 = 10^{4.04}\ mol^{-1}\ L \tag{4.11}$$

$$\beta_2 = \frac{[\mathrm{Cu(NH_3)_2}^{2+}]}{[\mathrm{Cu}^{2+}][\mathrm{NH_3}]^2} = K_1 \times K_2 = 10^{7.47}\ \mathrm{mol^{-2}\ L^2} \tag{4.12}$$

$$\beta_3 = \frac{[\mathrm{Cu(NH_3)_3}^{2+}]}{[\mathrm{Cu}^{2+}][\mathrm{NH_3}]^3} = K_1 \times K_2 \times K_3 = 10^{10.27}\ \mathrm{mol^{-3}\ L^3} \tag{4.13}$$

$$\beta_4 = \frac{[\mathrm{Cu(NH_3)_4}^{2+}]}{[\mathrm{Cu}^{2+}][\mathrm{NH_3}]^4} = K_1 \times K_2 \times K_3 \times K_4 = 10^{11.75}\ \mathrm{mol^{-4}\ L^4} \tag{4.14}$$

いろいろな金属イオンと単座配位子との錯体の全生成定数を**付表 2** に示す.

これに対して，複数の供与原子をもつ配位子を**多座配位子**（multidentate ligand）とよび，その中でエチレンジアミンのように 2 個の供与原子をもつ配位子を**二座配位子**（bidentate ligand）とよぶ．式(4.2)の反応系では，次のように 2 段目までの錯体が安定に存在する.

$$\mathrm{Cu}^{2+} + \mathrm{en} \rightleftharpoons [\mathrm{Cu(en)}]^{2+} \tag{4.15}$$

$$[\mathrm{Cu(en)}]^{2+} + \mathrm{en} \rightleftharpoons [\mathrm{Cu(en)_2}]^{2+} \tag{4.16}$$

式(4.15)および式(4.16)の反応で，en は 2 個の供与原子で配位して環状構造を含む錯体を形成する．このような環を**キレート環**（chelate ring）とよび，この場合に形成される 5 個の原子から構成される環を **5 員環**（five-membered ring），生成する錯体を**金属キレート**（metal chelate），金属キレートを生成する多座配位子を**キレート化剤**あるいは**キレート試薬**（chelating reagent）とよぶ. その生成定数の定義と数値は次の通りである.

$[\mathrm{Cu(en)}]^{2+}$
錯体の5員環

$$K_1 = \frac{[\mathrm{Cu(en)}^{2+}]}{[\mathrm{Cu}^{2+}][\mathrm{en}]} = 10^{10.5}\ \mathrm{mol^{-1}\ L} \tag{4.17}$$

$$K_2 = \frac{[\mathrm{Cu(en)_2}^{2+}]}{[\mathrm{Cu(en)}^{2+}][\mathrm{en}]} = 10^{9.6}\ \mathrm{mol^{-1}\ L} \tag{4.18}$$

$$\beta_1 = \frac{[\mathrm{Cu(en)}^{2+}]}{[\mathrm{Cu}^{2+}][\mathrm{en}]} = 10^{10.5}\ \mathrm{mol^{-1}\ L} \tag{4.19}$$

$$\beta_2 = \frac{[\mathrm{Cu(en)_2}^{2+}]}{[\mathrm{Cu}^{2+}][\mathrm{en}]^2} = 10^{20.1}\ \mathrm{mol^{-2}\ L^2} \tag{4.20}$$

多座配位子を用いると，1段で多くの，場合によってはすべての配位水を置換することも可能になる．1分子中にアミノ基とカルボン酸を組み込んだ化合物は**アミノポリカルボン酸**（aminopolycarboxylic acid）とよばれる．その1種である**エチレンジアミン四酢酸**（ethylenediaminetetraacetic acid，**EDTA**，**図4.1**(a)，すべてのプロトンが脱離した化学種をY^{4-}と表す）は6個の供与原子をもつので，6個の配位水を有する金属イオンと効果的に反応し，5個の5員環をもつ安定な錯体を形成する（図4.1(b)）．これを利用して，多くの金属イオンをキレート滴定することができる．例えば銅イオンとの反応式と生成定数は式(4.21)および式(4.22)の通りである．いろいろな金属イオンとEDTAとの錯体の生成定数を**付表3**に示す．

$$\mathrm{Cu}^{2+} + \mathrm{Y}^{4-} \rightleftharpoons [\mathrm{CuY}]^{2-} \tag{4.21}$$

$$K_{\mathrm{CuY}} = \frac{[\mathrm{CuY}^{2-}]}{[\mathrm{Cu}^{2+}][\mathrm{Y}^{4-}]} = 10^{18.78}\ \mathrm{mol^{-1}\ L} \tag{4.22}$$

$[CuY]^{2-}$錯体では，6個すべての供与原子が配位しているが，酸性になるとアセテート基（CH_2COO^-）の1個が銅から解離してプロトンが付加するとともに水分子が銅に配位して，$[CuHY]^-$と示されるような化学種が生成する（図4.1(c)）．その平衡式および平衡定数は次のように表される．

$$[\mathrm{CuY}]^{2-} + \mathrm{H}^+ \rightleftharpoons [\mathrm{CuHY}]^- \tag{4.23}$$

$$K_{\mathrm{CuHY}} = \frac{[\mathrm{CuHY}^-]}{[\mathrm{CuY}^{2-}][\mathrm{H}^+]} = 10^{3.1}\ \mathrm{mol^{-1}\ L} \tag{4.24}$$

一方，pHが高くなると，アセテート基の1つが外れてOH^-が銅に配位し，$[CuY(OH)]^{3-}$と示されるような化学種が生成する（図4.1(d)）．その平衡式および平衡定数は次のように表される．

$$[\mathrm{CuY}]^{2-} + \mathrm{OH}^- \rightleftharpoons [\mathrm{CuY(OH)}]^{3-} \tag{4.25}$$

(a)

HOOCH₂C, HOOCH₂C＞NCH₂CH₂N＜CH₂COOH, CH₂COOH　≡　HO, HO＞N—N＜OH, OH　と略記

$\log K_1 = 10.19$，$\log K_2 = 6.13$，$\log K_3 = 2.69$，$\log K_4 = 2.00$，$\log K_5 = 1.5$
$\log \beta_1 = 10.19$，$\log \beta_2 = 16.32$，$\log \beta_3 = 19.01$，$\log \beta_4 = 21.01$，$\log \beta_5 = 22.51$

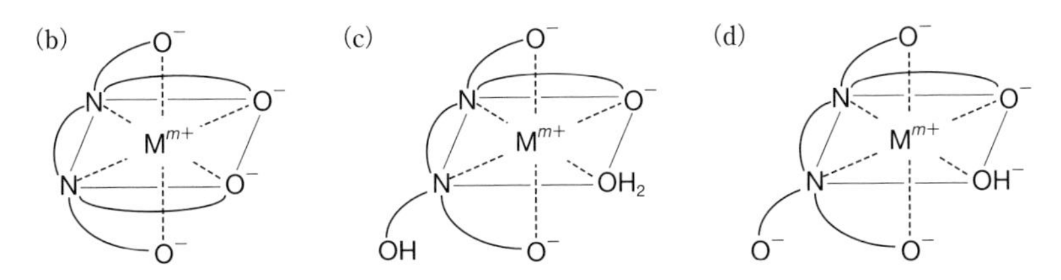

図4.1　EDTAの構造式と金属イオン（M^{m+}）との錯体の模式図
(a) EDTA，(b) $[MY]^{m-4}$，(c) $[MHY]^{m-3}$，(d) $[MY(OH)]^{m-5}$.

$$K_{CuY(OH)} = \frac{[CuY(OH)^{3-}]}{[CuY^{2-}][OH^-]} = 10^{2.6}\ mol^{-1}\ L \tag{4.26}$$

EDTA以外にも，目的に応じてさまざまな配位子が考案されている．金属錯体の安定性が何によって決まるのかは，多くの要因が絡んでいて複雑な問題であるが，一般的に受け入れられている2つの経験則（理論的な裏付けもなされている）を紹介する．

（1）キレート効果（chelate effect）

エチレンジアミンはアンモニア2分子に相当するので，Cu^{2+}にとっては$[Cu(NH_3)_2]^{2+}$と$[Cu(en)]^{2+}$は同等の状態にある．しかし，その安定性は，前者が$\beta_2 = 10^{7.47}\ mol^{-2}\ L^2$であるのに対して，後者では$\beta_1 = 10^{10.5}\ mol^{-1}\ L$であり，後者は前者の$10^{3.0}$倍も生成定数が大きく，それだけ安定になっている．同様にして$[Cu(NH_3)_4]^{2+}$では$\beta_4 = 10^{11.75}\ mol^{-4}\ L^4$であるのに対して，$[Cu(en)_2]^{2+}$では$\beta_2 = 10^{20.1}\ mol^{-2}\ L^2$であり，後者は前者の$10^{8.35}$倍も安定になっている．また，EDTAの錯体も2個のアンモニアおよび4個の酢酸イオンが個別に反応する場合と比べて著しく安定である．このような安定化は，1個の配位子との反応で，金属イオンに束縛された多くの水分子が解放されて自由になることによるエン

トロピー増大のためであり，**キレート効果**とよばれる．

（2）HSAB（hard and soft acids and bases）則

金属イオン（Fe^{3+}，Hg^{2+}）のハロゲン化物イオン（F^-，Cl^-，Br^-，I^-）との錯体の逐次生成定数（単位はmol^{-1} L）K_1を示す．

	F^-	Cl^-	Br^-	I^-
Fe^{3+}	$10^{5.18}$	$10^{1.48}$	−	−
Hg^{2+}	−	$10^{6.74}$	$10^{9.00}$	$10^{12.87}$

Fe^{3+}ではイオン半径が小さく電荷密度の高いハロゲン化物イオンとの錯体の安定性が高いのに対して，Hg^{2+}ではイオン半径が大きく電荷が分散しているハロゲン化物イオンとの錯体の安定性が高くなっている．このことは，錯形成反応における親和性は単一の特性で決まっているわけではなく，相性があることを示している．アメリカの化学者ピアソンは，このような規則性がかなり一般的に成立することをもとにして，**HSAB（硬い酸・塩基と軟らかい酸・塩基）則**を提案した．その骨子は，電気陰性度が高く分極しにくい供与原子（F，O，Nなど）をもつ塩基を硬い塩基，電気陰性度が低く分極しやすい供与原子（I, S, Pなど）をもつ塩基を軟らかい塩基，イオン半径が小さく高い電荷をもつ酸を硬い酸，イオン半径が大きく低い電荷をもつ酸を軟らかい酸とすると，硬い酸

表 4.1　代表的なルイスの塩基と酸の分類

硬い塩基	H_2O，OH^-，F^-，CH_3COO^-，$PO_4{}^{3-}$，$SO_4{}^{2-}$，Cl^-，$CO_3{}^{2-}$，$ClO_4{}^-$，$NO_3{}^-$，NH_3
軟らかい塩基	I^-，SCN^-，$S_2O_3{}^{2-}$，CN^-
中間に属する塩基	$C_6H_5NH_2$，C_5H_5N，$N_3{}^-$，Br^-，$NO_2{}^-$，$SO_3{}^{2-}$
硬い酸	H^+，アルカリ金属イオン，アルカリ土類金属イオン，Mn^{2+}，Al^{3+}，Sc^{3+}，Ga^{3+}，In^{3+}，ランタニドイオン，Cr^{3+}，Co^{3+}，Fe^{3+}，Ce^{3+}，As(Ⅲ)，Si(Ⅳ)，Ti^{4+}，Zr^{4+}，Hf^{4+}，Th^{4+}，U^{4+}，Sn^{4+}，VO^{2+}，$UO_2{}^{2+}$，Mo(Ⅵ)，W(Ⅵ)，Cr(Ⅵ)
軟らかい酸	Cu^+，Ag^+，Au^+，Tl^+，Hg^+，Pd^{2+}，Cd^{2+}，Pt^{2+}，Hg^{2+}，CH_3Hg^+，Pt^{4+}，Tl^{3+}
中間に属する酸	Fe^{2+}，Co^{2+}，Ni^{2+}，Cu^{2+}，Zn^{2+}，Pb^{2+}，Sn^{2+}，Sb^{3+}，Bi^{3+}，Rh^{3+}，Ir^{3+}，Ru^{2+}，Os^{2+}

と硬い塩基の間にはイオン結合によって強く相互作用した錯体が生成し，軟らかい酸と軟らかい塩基の間には共有結合によって強く相互作用した錯体が生成するというものである．**表4.1**に代表的な塩基と酸の，中間を含めた硬軟の分類を示す．HSAB則は，多様なルイス酸・塩基間の反応について，その生成物の安定性を予想するのに有効な考え方である．本書では，キレート滴定におけるマスク剤の選択（4.3.4項）や硫化水素を用いる金属イオンの系統分析（5.2節）を理解するのに用いている．

4.2　錯形成平衡

4.1節で述べたように金属イオンとEDTAの平衡定数はきわめて大きいので，この反応を滴定に用いるのに特別な配慮をしなくてもよさそうに見える．しかし，実際の条件では，EDTAはプロトン付加による妨害を受ける．また，次式のようにキレート生成反応によって溶液中にプロトンが放出される．

$$\mathrm{Cu^{2+} + H_2Y^{2-} \rightleftharpoons [CuY]^{2-} + 2\,H^+}$$

これによるpH低下や高pHでの沈殿生成を抑制するために，通常は試料溶液にpH緩衝液を添加するが，その塩基性成分（**補助錯化剤**）は金属イオンと錯形成して，キレート生成を妨害する．

例えば，アンモニア緩衝液中でのCu^{2+}とEDTAとの反応を例にとると，次のようになる．

$$\mathrm{Cu'}\left\{\begin{array}{l}\mathrm{Cu^{2+}}\\ \downarrow\uparrow\\ \mathrm{[Cu(NH_3)]^{2+}}\\ \downarrow\uparrow\\ \mathrm{[Cu(NH_3)_2]^{2+}}\\ \downarrow\uparrow\\ \mathrm{[Cu(NH_3)_3]^{2+}}\\ \downarrow\uparrow\\ \mathrm{[Cu(NH_3)_4]^{2+}}\end{array}\right. + \quad \mathrm{Y'}\left\{\begin{array}{l}\mathrm{Y^{4-}}\\ \downarrow\uparrow\\ \mathrm{HY^{3-}}\\ \downarrow\uparrow\\ \mathrm{H_2Y^{2-}}\\ \downarrow\uparrow\\ \mathrm{H_3Y^{-}}\\ \downarrow\uparrow\\ \mathrm{H_4Y}\\ \downarrow\uparrow\\ \mathrm{H_5Y^{+}}\end{array}\right. \rightleftharpoons \quad \mathrm{CuY'}\left\{\begin{array}{l}\mathrm{[CuY]^{2-}}\\ \downarrow\uparrow\\ \mathrm{[CuHY]^{-}}\\ \downarrow\uparrow\\ \mathrm{[CuY(OH)]^{3-}}\end{array}\right. \tag{4.27}$$

ここで，Cu^{2+}とY^{4-}の間の反応を**主反応**（main reaction），その他の縦方向の反応を**副反応**（side reaction）とよぶ．一見するときわめて複雑に見えるが，すでに学んだ副反応係数を用いることで，以下のように簡単に取り扱うことができる．

4.2.1 配位子のプロトンとの副反応

銅イオンと結合していないEDTAの全濃度を［Y′］とすると

$$
\begin{aligned}
[\mathrm{Y}'] &= [\mathrm{Y}^{4-}] + [\mathrm{HY}^{3-}] + [\mathrm{H_2Y}^{2-}] + [\mathrm{H_3Y}^{-}] + [\mathrm{H_4Y}] + [\mathrm{H_5Y}^{+}] \\
&= [\mathrm{Y}^{4-}](1 + \beta_1[\mathrm{H}^+] + \beta_2[\mathrm{H}^+]^2 + \beta_3[\mathrm{H}^+]^3 + \beta_4[\mathrm{H}^+]^4 + \beta_5[\mathrm{H}^+]^5) \\
&= [\mathrm{Y}^{4-}]\alpha_{\mathrm{Y(H)}} \qquad (4.28)
\end{aligned}
$$

$$
\alpha_{\mathrm{Y(H)}} = 1 + \beta_1[\mathrm{H}^+] + \beta_2[\mathrm{H}^+]^2 + \beta_3[\mathrm{H}^+]^3 + \beta_4[\mathrm{H}^+]^4 + \beta_5[\mathrm{H}^+]^5 \qquad (4.29)
$$

となる．ここで$\alpha_{\mathrm{Y(H)}}$は式(3.55)にならってEDTAの（プロトン付加を考慮した）

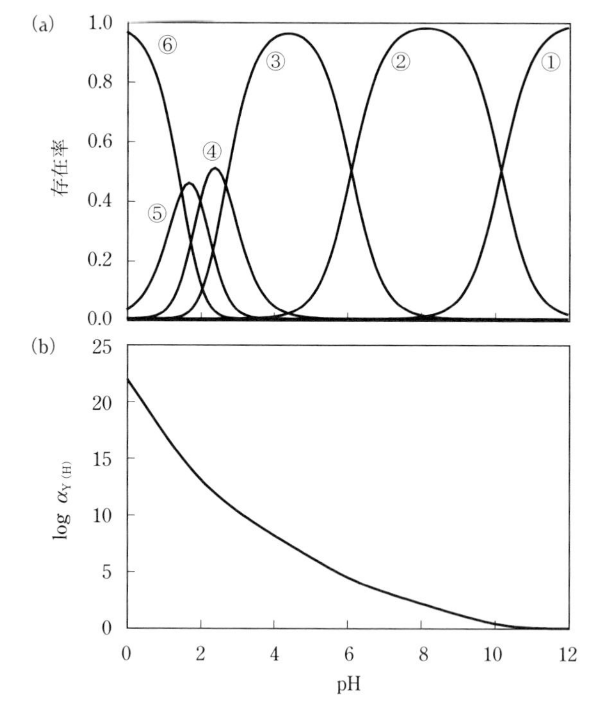

図4.2　EDTAの(a)分布曲線と(b)副反応係数
(a)⑥$\mathrm{H_5Y^+}$，⑤$\mathrm{H_4Y}$，④$\mathrm{H_3Y^-}$，③$\mathrm{H_2Y^{2-}}$，②$\mathrm{HY^{3-}}$，①$\mathrm{Y^{4-}}$．

副反応係数とよばれ，溶液のpHに依存して決まる値である．図4.1(a)に示したプロトン付加定数を用いて作成したEDTAの分布曲線と副反応係数を**図4.2**に示す．最初の２段のプロトン付加はアミノ基に起こり，その定数はかなり離れているが，その後は少なくとも３個のカルボキシレート基に，似たような定数でプロトンが付加することがわかる．その結果，酸性領域では副反応係数はかなり大きな値となる．

4.2.2 金属イオンの補助錯化剤との副反応

アンモニア緩衝液中では，EDTAと結合していない銅イオンはCu^{2+}以外に一連のアンミン錯体として存在するが，その濃度を［Cu′］とすると

$$
\begin{aligned}
[Cu'] &= [Cu^{2+}] + [Cu(NH_3)^{2+}] + [Cu(NH_3)_2{}^{2+}] \\
&\quad + [Cu(NH_3)_3{}^{2+}] + [Cu(NH_3)_4{}^{2+}] \\
&= [Cu^{2+}](1 + \beta_1[NH_3] + \beta_2[NH_3]^2 + \beta_3[NH_3]^3 + \beta_4[NH_3]^4) \\
&= [Cu^{2+}]\alpha_{Cu(NH3)} \qquad (4.30)
\end{aligned}
$$

$$
\alpha_{Cu(NH3)} = 1 + \beta_1[NH_3] + \beta_2[NH_3]^2 + \beta_3[NH_3]^3 + \beta_4[NH_3]^4 \qquad (4.31)
$$

となる．ここで$\alpha_{Cu(NH3)}$は銅の（アンミン錯体生成を考慮した）副反応係数とよばれ，アンモニアの濃度に依存して決まる値である．なお，同じ記号を用いているが，式(4.29)の一連のβはEDTAのプロトン付加にかかわる値（図4.1(a)）であるのに対して，式(4.31)の一連のβは銅-アンミン錯体にかかわる値（付表2）である．

4.2.3 金属錯体の副反応

銅-EDTA 錯体は，低いpHでは［CuHY］$^-$，高いpHでは［CuY(OH)］$^{3-}$として存在する．これは銅-EDTA錯体の副反応と考えることができ，銅-EDTA錯体の全濃度を［CuY′］と表すと

$$
\begin{aligned}
[CuY'] &= [CuY^{2-}] + [CuHY^-] + [CuY(OH)^{3-}] \\
&= [CuY^{2-}](1 + K_{CuHY}[H^+] + K_{CuY(OH)}[OH^-]) \\
&= [CuY^{2-}]\alpha_{CuY(H,OH)} \qquad (4.32)
\end{aligned}
$$

$$
\alpha_{CuY(H,OH)} = 1 + K_{CuHY}[H^+] + K_{CuY(OH)}[OH^-] \qquad (4.33)
$$

となる．ここで$\alpha_{\mathrm{CuY(H,OH)}}$は銅–EDTA錯体の（酸塩基反応を考慮した）副反応係数とよばれ，溶液のpHに依存して決まる値である．

4.2.4　条件生成定数

以上の関係を式(4.22)に代入すると

$$K_{\mathrm{CuY}} = \frac{[\mathrm{CuY'}]}{[\mathrm{Cu'}][\mathrm{Y'}]} \times \frac{\alpha_{\mathrm{Cu(NH3)}} \times \alpha_{\mathrm{Y(H)}}}{\alpha_{\mathrm{CuY(H,OH)}}}$$

となる．これを整理してみると

$$\frac{K_{\mathrm{CuY}} \times \alpha_{\mathrm{CuY(H,OH)}}}{\alpha_{\mathrm{Cu(NH3)}} \times \alpha_{\mathrm{Y(H)}}} = \frac{[\mathrm{CuY'}]}{[\mathrm{Cu'}][\mathrm{Y'}]} = K_{\mathrm{Cu'Y'(CuY')}} \tag{4.34}$$

となる．この新しい定数$K_{\mathrm{Cu'Y'(CuY')}}$は副反応の影響を含めた実際の反応性を示しており，**条件生成定数**（conditional stability constant）または**みかけの生成定数**（apparent stability constant）とよばれる．副反応係数は1以上の値なので，条件生成定数は，銅イオンやEDTAに副反応があると小さくなり，銅–EDTA錯体に副反応があれば大きくなる．なお，CuY′を考慮する必要がない場合には，$K_{\mathrm{Cu'Y'}}$などと書く．この場合には

$$\frac{K_{\mathrm{CuY}}}{\alpha_{\mathrm{Cu(NH3)}} \times \alpha_{\mathrm{Y(H)}}} = \frac{[\mathrm{CuY}]}{[\mathrm{Cu'}][\mathrm{Y'}]} = K_{\mathrm{Cu'Y'}} \tag{4.34′}$$

となり，対数で表すと次のようになる．

$$\log K_{\mathrm{Cu'Y'}} = \log K_{\mathrm{CuY}} - \log \alpha_{\mathrm{Cu(NH3)}} - \log \alpha_{\mathrm{Y(H)}} \tag{4.34″}$$

0.1 mol L^{-1}酢酸緩衝液（pH 4～6）および0.4 mol L^{-1}アンモニア緩衝液（pH 8～10）中での銅–EDTA錯体の生成に関して，EDTAの副反応係数②⑤，銅の副反応係数③⑥および条件生成定数①④それぞれの対数値をpHに対して**図4.3**に示す．EDTAの副反応係数②⑤は図4.1でも示したようにpHが低いほど大きくなる．一方，銅の副反応係数③⑥は，酢酸緩衝液よりアンモニア緩衝液中の方が大きく，同じ緩衝液系ではpHが高いほど遊離の配位子の濃度が高くなるために大きい．図4.3の縦軸は対数なので，破線の直線で示す銅–EDTA錯

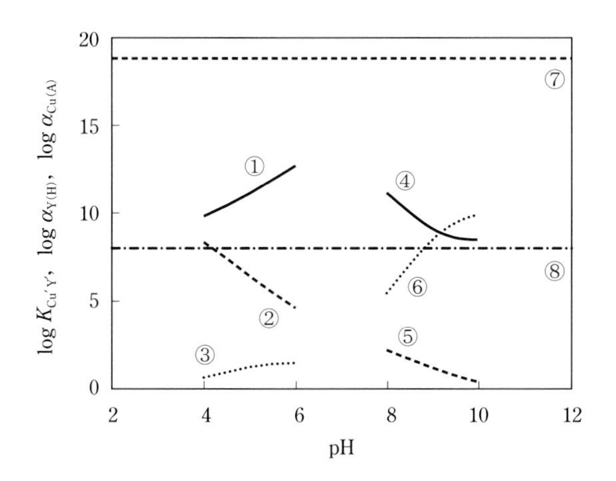

図4.3　銅–EDTA錯体の条件生成定数と緩衝液pHの関係
①～③：0.1 mol L^{-1}酢酸緩衝液（A：CH_3COO^-），④～⑥：0.4 mol L^{-1}アンモニア緩衝液（A：NH_3），①④：log $K_{Cu'Y'}$，②⑤：log $\alpha_{Y(H)}$，③⑥：log $\alpha_{Cu(A)}$，⑦：log K_{CuY}，⑧：総濃度10^{-2} mol L^{-1}の銅イオンが滴定可能なlog $K_{Cu'Y'}$の下限.

体の生成定数⑦から，破線で示すEDTAの副反応および点線で示す銅の副反応の値を差し引くと，実線で示す条件生成定数が得られるが，その値は中性付近で極大を示す（図中には表れない）．ここで試算した条件では，10^{-2} mol L^{-1}の条件で（$A + B \rightleftharpoons A'$）型の反応が99.9 %進行するために必要な平衡定数$K = 10^8$ mol^{-1} L（図中の一点鎖線⑧，式(2.5)を参照）よりいずれの場合も大きく，滴定が可能である．他の金属イオンについても，主反応については付表3，副反応については付表2の平衡定数を用いて算出してみると，アルカリ金属イオンと銀イオンを除くほとんどの金属イオンがEDTAによって滴定できることがわかる．

例題4.1

例題3.8で述べた0.4 mol L^{-1}アンモニア緩衝液（pH 10.0）中における銅–EDTA錯体の条件生成定数を求めよ．

解答

まずはじめに，EDTAの副反応係数は図4.1(a)のプロトン付加定数を用いて

$$\alpha_{Y(H)} = 1 + 10^{10.19} \times 10^{-10} + 10^{16.32} \times 10^{-10\times 2} + 10^{19.01} \times 10^{-10\times 3} + 10^{21.01} \times 10^{-10\times 4} + 10^{22.51} \times 10^{-10\times 5} = 10^{0.41}$$

一方，式(3.36′)のヘンダーソンの式を用いると，滴定率は$a=0.154$となるので，このときのアンモニアの濃度は $[NH_3]=(1-0.154)\times 0.4=0.338=10^{-0.47}$ mol L^{-1}となる．これと付表2の生成定数を用いると，銅の副反応係数は

$$\alpha_{Cu(NH3)} = 1 + 10^{4.04} \times 10^{-0.47} + 10^{7.47} \times 10^{-0.47\times 2} + 10^{10.27} \times 10^{-0.47\times 3} + 10^{11.75} \times 10^{-0.47\times 4} = 10^{9.91}$$

銅-EDTA錯体の副反応係数は付表3の定数を用いて

$$\alpha_{CuY(H,OH)} = 1 + 10^{3.1} \times 10^{-10.0} + 10^{2.6} \times 10^{-14-(-10)} = 1$$

したがって，条件生成定数は付表3の定数を用いて

$$K_{Cu'Y'(CuY')} = K_{Cu'Y'} = \frac{10^{18.78} \times 1}{10^{9.91} \times 10^{0.41}} = 10^{8.46}\ \mathrm{mol^{-1}\,L}$$

となる．

4.3　キレート滴定

EDTAを用いて**キレート滴定**を行う場合について，溶液内での平衡を導出するとともに，実用にあたっての工夫について述べる．

4.3.1　滴定曲線

図4.4に示すように，濃度C_{Cu}の銅溶液をアンモニア緩衝液中でEDTA総濃

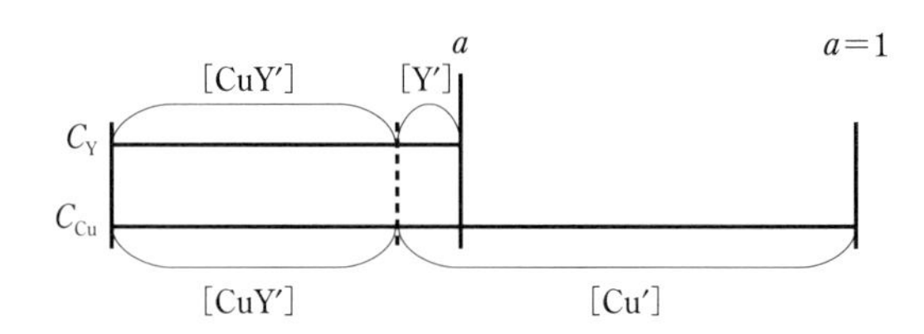

図4.4　キレート滴定における量的な関係
実際には当量点前の［Y′］は極めて小さい．

度がC_Yとなるまで滴定（**直接滴定**）した任意の点を考える．この条件では，銅-EDTA錯体については副反応を考慮する必要がない（$\alpha_{CuY(H,OH)}=1$）．このとき，CuとYの物質収支および溶液中での平衡は，次のように簡単に表すことができる．

$$C_{Cu} = [Cu'] + [CuY^{2-}] \tag{4.35}$$

$$C_Y = [Y'] + [CuY^{2-}] \tag{4.36}$$

$$K_{Cu'Y'} = \frac{[CuY^{2-}]}{[Cu'][Y']} \tag{4.37}$$

式(4.35)および式(4.36)から式(4.38)が，式(4.35)および式(4.37)から式(4.39)が得られる．

$$C_Y = C_{Cu} - [Cu'] + [Y'] \tag{4.38}$$

$$[Y'] = \frac{C_{Cu} - [Cu']}{K_{Cu'Y'}[Cu']} \tag{4.39}$$

式(4.39)を式(4.38)に代入して整理すると

$$C_Y = C_{Cu} - [Cu'] + \frac{C_{Cu}}{K_{Cu'Y'}[Cu']} - \frac{1}{K_{Cu'Y'}} \tag{4.40}$$

となる．両辺をC_{Cu}で割り整理すると，滴定率$a=C_Y/C_{Cu}$は次式で表される．

$$a = 1 - \frac{[Cu']}{C_{Cu}} + \frac{1}{K_{Cu'Y'}[Cu']} - \frac{1}{C_{Cu} \times K_{Cu'Y'}} \tag{4.41}$$

式(2.5)で，($A+B \rightleftharpoons A'$) 型の反応を滴定に利用するためには，AとBを同濃度となるように混合した際に，その99.9 %以上がA′となることが必要があり，そのためには，$C_{Cu} \times K_{Cu'Y'} > 10^6$でなければならないことを述べた．そのとき，式(4.41)の第4項は無視できるほどに小さいので，式(4.41)は次のように近似できる．

$$a \approx 1 - \frac{[Cu']}{C_{Cu}} + \frac{1}{K_{Cu'Y'}[Cu']} \tag{4.42}$$

これがキレート滴定の滴定曲線を表す一般式である．

当量点よりある程度前（$C_{Cu} > C_Y$）では［Cu′］はまだ大きいので，式(4.42)の第3項の値は小さくなり，式(4.43)が得られる．

$$[Cu'] = C_{Cu} \times (1 - a) \tag{4.43}$$

一方，式(4.35)および式(4.43)を用いると［CuY^{2-}］は式(4.44)で与えられる．

$$[CuY^{2-}] = C_{Cu} \times a \tag{4.44}$$

式(4.43)および式(4.44)を式(4.37)に代入することにより，［Y′］は式(4.45)で表される．

$$[Y'] = \frac{a}{(1-a) \times K_{Cu'Y'}} \tag{4.45}$$

式(4.43)および式(4.45)は対数で示すと

$$-\log[Cu'] = pCu' = -\log C_{Cu} - \log(1-a) \tag{4.43′}$$

$$-\log[Y'] = pY' = \log K_{Cu'Y'} - \log\frac{a}{1-a} \tag{4.45′}$$

となる．この領域（当量点よりある程度前の溶液，$C_{Cu} > C_Y$）は**配位子緩衝液**（ligand buffer）とよばれ，錯形成していないEDTAの濃度が式(4.45)で表されるように極めて低い値に保たれている（2.5節参照）．

当量点については，式(4.42)で$a=1$とすることにより

$$[Cu'] = [Y'] = \sqrt{\frac{C_{Cu}}{K_{Cu'Y'}}} \tag{4.46}$$

$$pCu' = pY' = -\frac{1}{2}\log C_{Cu} + \frac{1}{2}\log K_{Cu'Y'} \tag{4.46′}$$

となる．

当量点後（$C_{Cu} < C_Y$）には錯形成平衡が完結して［CuY′］$=C_{Cu}$となり，式(4.42)の第2項が無視できるほど小さくなるので，

$$[\mathrm{Cu}'] = \frac{1}{(a-1) \times K_{\mathrm{Cu}'\mathrm{Y}'}} \tag{4.47}$$

$$[\mathrm{Y}'] = C_{\mathrm{Cu}} \times (a-1) \tag{4.48}$$

$$\mathrm{pCu}' = \log(a-1) + \log K_{\mathrm{Cu}'\mathrm{Y}'} \tag{4.47'}$$

$$\mathrm{pY}' = -\log(a-1) - \log C_{\mathrm{Cu}} \tag{4.48'}$$

となる．この領域（当量点よりある程度後の溶液，$C_{\mathrm{Cu}} < C_{\mathrm{Y}}$）は**金属緩衝液**（metal buffer）とよばれ，EDTAと錯形成していない金属イオンの濃度が式(4.47)で表されるように極めて低い値に保たれている（2.5節参照）．

例題4.2

例題4.1の条件で$C_{\mathrm{Cu}}=10^{-2}$ mol L^{-1}の滴定を行った場合，滴定率a=0.99，1.00，1.01でのpCu′およびpY′をそれぞれ算出せよ．

解答

a=0.99の場合，式(4.43′)および式(4.45′)に$\log C_{\mathrm{Cu}}=-2$，$\log K_{\mathrm{Cu}'\mathrm{Y}'}=8.46$を代入すると

$$\mathrm{pCu}' = 2 - \log 0.01 = 4$$

$$\mathrm{pY}' = 8.46 - \log\left(\frac{0.99}{0.01}\right) = 6.46$$

となる．

a=1.00では式(4.46′)に同様にして数値を代入すると

$$\mathrm{pCu}' = \mathrm{pY}' = -\frac{1}{2} \times (-2) + \frac{1}{2} \times 8.46 = 5.23$$

となる．

a=1.01の場合，式(4.47′)および式(4.48′)に数値を代入すると

$$\mathrm{pCu}' = \log(0.01) + 8.46 = 6.46$$

$$\mathrm{pY}' = -\log(0.01) - (-2) = 4$$

となる．

いろいろな滴定率でpCu′およびpY′を計算し，その関係をプロットした滴定曲線を**図4.5**に示す．酸塩基滴定では滴定率に対してpHの変化を示したのと同様に，キレート滴定では滴定率に対してpCu′（一般にはpM′）あるいはpY′をプロットすると，溶液の状態の変化がよくわかる．$a=1$を中心にして±0.01の範囲でpCu′およびpY′が2.46も変化しているので，これを検出すれば終点を決定できる．なお，式(4.42)を用いれば，aに対してpCu′をプロットした滴定曲線の変曲点は当量点と一致することを示すことができる．

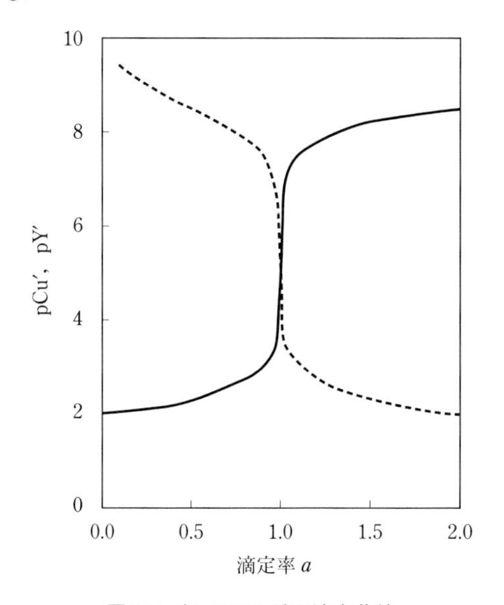

図4.5　銅−EDTA系の滴定曲線
0.4 mol L^{-1}アンモニア緩衝液（pH 10.0），実線：pCu′，破線：pY′.

4.3.2　終点決定法

3.7節で述べた酸塩基滴定と同様に，試料溶液中にpM′ひいてはpMの値を反映して電位を発生する指示電極（金属アマルガム電極あるいはイオン選択電極など）と参照電極を挿入してキレート滴定を行えば，図4.5のような滴定曲線を作成することができ，pMのジャンプから終点を決定することができる（**電位差滴定法**，potentiometric titration）（『機器分析』電気分析化学を参照）．

表4.2　代表的な金属指示薬

指示薬名（略称） 構造式 調製法	滴定可能の金属	直接滴定の場合の変色
ムレキシド（**MX**） 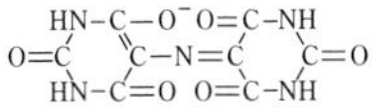 0.2 g〜0.4 gを特級NaClまたはK_2SO_4 100 gと混合した希釈粉末を用いる．褐色びんに密栓して貯える．	Ca，Co，Ni，Cu	赤または黄→紫
エリオクロムブラックT（**BT**） 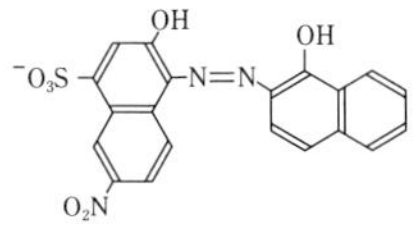 0.5 gを塩酸ヒドロキシルアミン4.5 gとともにメタノール100 cm^3に溶解する．	Mg，Ca，Zn，Cd，Hg(II)，Mn(II)，Pb，In	赤→青
2-ヒドロキシ-1-(2-ヒドロキシ-4-スルホ-1-ナフチルアゾ)-3-ナフトエ酸（**NN**） 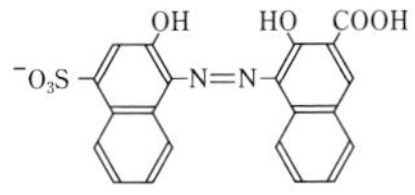 ムレキシドに同じ．	Ca＋Mg中のCaの滴定	赤→青
1-(2-ピリジルアゾ)-2-ナフトール（**PAN**） 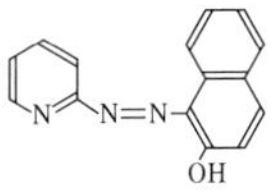 0.1 %アルコール溶液	Zn，Cd，Cu，In	赤紫→黄
4-(2-チアゾリルアゾ) レゾルシノール（**TAR**） 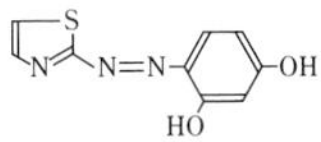 0.1 %アルコール溶液	Cuの指示薬としてもっともよい	赤紫→黄
2-(2-チアゾリルアゾ)-4-メチル-5-(スルホメチルアミノ) 安息香酸（**TAMSMB**） 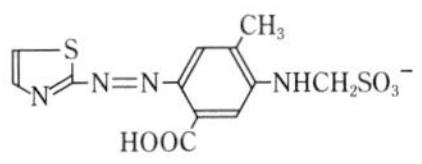 酢酸緩衝液（pH 5〜6）に溶かし0.1 %溶液とする．	Niの指示薬としてもっともよい．40 ℃〜50 ℃で滴定可能	赤紫→黄
キシレノールオレンジ（**XO**） 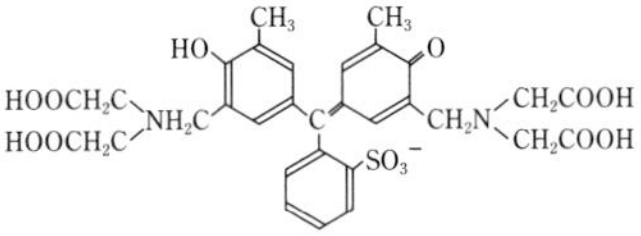 0.1 %水溶液	Bi, Cd, Hg(II)，Pb，Zn，Sc，Thなど	赤紫→黄

以下では，広く利用されている**金属指示薬**（metal indicator）を用いる目視法について述べる．金属指示薬とは，それ自体が金属イオンと錯形成反応を起こし，変色を示すような着色キレート試薬である．代表的な金属指示薬を**表4.2**に示す．金属指示薬は一般に多塩基酸であり，溶液のpHによっても変色する．例えばキシレノールオレンジ（XO）はフェノール性水酸基の酸解離が起こるpH 6.7を境にして，酸性側では黄色，塩基性側では赤紫色を示す（**図4.6**）．一方，Mとの金属キレートではフェノール性水酸基のプロトンが外れてXOの塩基性色に似た赤紫色を示す．また，その錯体の安定性は，一般にEDTAよりも低い．そこで，pH 6以下であれば，当量点前では過剰の金属イオンがXOと錯体を形成して赤紫色を示すのに対して，当量点後には金属イオンがXOから外れプロトンが付加して黄色を示すので，終点決定に用いることができる．金属指示薬としては，

①指示薬自身およびその金属キレートが水溶性である

②変色域がpMまたはpMのジャンプと一致している

③指示薬との金属キレートとEDTAとの反応が速い

④それに伴って微量でも識別できるほど色調が大きく変化する

などの条件を満たすことが必要である．指示薬誤差とよばれる系統誤差をもたらす可能性があるので，場合によっては用いる金属指示薬の量にも注意する必要がある．金属指示薬の変色の厳密な記述については，他書を参照してほしい．

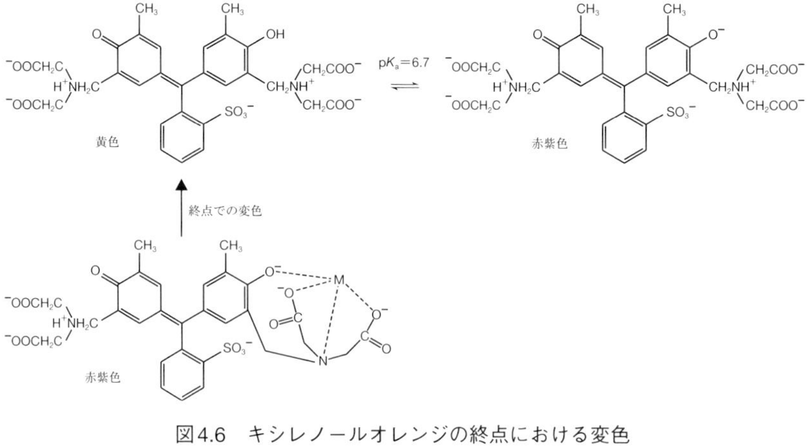

図4.6　キシレノールオレンジの終点における変色

4.3.3　キレート滴定の種類

4.3.2項で述べたような適切な指示薬がある場合には，4.3.1項で述べた直接滴定を行うことができる．これに対して，例えばアルミニウムイオンのように反応が遅い金属イオンの場合には，当量点付近で起こるはずの③の反応が遅いので，あたかもEDTAが不足であるような挙動を示すために，EDTAを過剰に加えてしまう傾向がある．このような場合には，あらかじめアルミニウムに対して過剰にEDTAを加えて加熱するなどの操作によって錯形成反応を完結させる．冷却後に，過剰のEDTAを素早く濃度既知の別の金属イオンで滴定することで，その差からアルミニウムの濃度を知ることができる（**逆滴定法**）．また，定量目的の金属イオンに対して適当な金属指示薬がない場合には，濃度のわかった第2の金属イオンおよびそれに適した指示薬を加えてEDTAで滴定すると，未知試料との合量に相当するところで，終点を検出できるので，第2の金属イオン分を差し引くことによって，目的イオンを定量できる（**置換滴定法**）．例えば，4-（2-チアゾリルアゾ）レゾルシノール(TAR)は銅イオンのよい指示薬なので，試料溶液に銅-EDTA(両者の当量混合物として入手可能)を加えて，酢酸緩衝液中でTARを指示薬として滴定すると，ほとんどの金属イオンをCu^{2+}の場合のように滴定できる．この場合には，第2の金属イオンCu^{2+}はすでに滴定された形で添加するので，銅-EDTAとして加えたCu^{2+}の濃度を差し引く必要はない．

4.3.4　マスキング

複数の金属イオンを含む試料の中の特定の金属イオンだけを定量したい場合に，共存する他のイオンが滴定されないようにする操作を**マスキング**（masking），そのために加える試薬を**マスク剤**（masking reagent）とよぶ．当然，目的金属イオンとは安定な錯体を生成しないが，妨害金属イオンとは安定な錯体を生成することが必要となる．マスク剤の選択には4.1.2項で述べたHSAB則がよい指針となる．例えば，軟らかい金属イオン（Cd^{2+}）や中間に属する金属イオン（Zn^{2+}，Ni^{2+}，Co^{2+}）をキレート滴定する場合に，硬い金属イオン（Al^{3+}，Ca^{2+}，Mg^{2+}，Ti(IV)）などは硬い配位子であるフッ化物イオンでマスキングすることができる．逆に，中間に属する金属イオン（Zn^{2+}）をキレート滴定する場合に，軟らかい金属イオン（Hg^{2+}, Cd^{2+}）は軟らかい配位子であるヨウ化物イオンでマスキングできる．以下のバーチャル実験4.1で述べる銅合金中の銅・亜鉛の**分別定量**（合計ではなくそれぞれの定量）では，合量の滴定に加えて，Cu^{2+}をチオ硫酸イオンでより軟らかいCu^{+}に還元し，さらに錯形成により $[Cu(S_2O_3)_2]^{3-}$としてマスキングすることで，亜鉛だけを滴定している．また，バーチャル実験4.2で述べる飲料水中のカルシウム・マグネシウムの分別定量では，合量の滴定に加えて，より硬いマグネシウムイオンを水酸化物として沈殿させてマスキングすることで，カルシウムだけを滴定している．

バーチャル実験4.1

銅合金中の銅と亜鉛の分別定量

銅合金の1種である黄銅（銅と亜鉛の質量比がおよそ6：4で，少量成分として鉄・スズ・鉛などを含む）の0.3829 gをはかり取り，濃硝酸3 mLで溶解させたのち，加熱濃縮によって余分な酸を除いた．冷却後，アンモニア水を加えて鉄，スズ，鉛などを水酸化物として沈殿させ，ろ紙を用いて除去した後，全体を250 mLとした．

(a) 銅と亜鉛の合量の定量

試料溶液10.00 mLをとり，酢酸–酢酸ナトリウム緩衝液を加えてpHを5～6に調節し，TAR指示薬溶液数滴を加えて1.066×10^{-2} mol L^{-1}のEDTA標準液で滴定した．指示薬が赤紫から黄緑色（指示薬自体の色は黄色であるが，生成したCuYの青色が加わった結果）に変色するのを目安にして終点を決定したところ，21.33 mL，21.29 mL，21.32 mLであった．

したがって，この溶液中の銅と亜鉛の合計の濃度は

$$1.066\times10^{-2}\times\frac{21.31}{10.00}=2.272\times10^{-2}\ \text{mol L}^{-1}$$

であった．

(b) 亜鉛の定量

試料溶液10.00 mLをとり，酢酸-酢酸ナトリウム緩衝液を加えてpHを5～6に調節し，溶液が無色になるまでチオ硫酸ナトリウム溶液を滴下した．これにより銅は1価に還元されるとともにチオスルファト錯体としてマスキングされた．この溶液に，XO指示薬溶液数滴を加えて同じ1.066×10^{-2} mol L^{-1} EDTA標準液で滴定した．赤色から黄色への変色を目安にして終点を決定したところ，8.04 mL，8.07 mL，8.08 mLであった．

この溶液中の亜鉛の濃度は

$$1.066 \times 10^{-2} \times \frac{8.063}{10.00} = 8.595 \times 10^{-3}\ \mathrm{mol\ L^{-1}}$$

であった．したがって銅の濃度は

$$2.272 \times 10^{-2} - 8.595 \times 10^{-3} = 1.413 \times 10^{-2}\ \mathrm{mol\ L^{-1}}$$

となる．これからこの溶液中に含まれる銅と亜鉛の物質量および質量を算出すると，

$$1.413 \times 10^{-2}\ \mathrm{mol\ L^{-1}} \times \left(\frac{250}{1000}\right) \mathrm{L} = 3.533 \times 10^{-3}\ \mathrm{mol}$$

$$3.533 \times 10^{-3}\ \mathrm{mol} \times 63.55\ \mathrm{g\ mol^{-1}} = 0.2245\ \mathrm{g}$$

$$8.595 \times 10^{-3}\ \mathrm{mol\ L^{-1}} \times \left(\frac{250}{1000}\right) \mathrm{L} = 2.149 \times 10^{-3}\ \mathrm{mol}$$

$$2.149 \times 10^{-3}\ \mathrm{mol} \times 65.38\ \mathrm{g\ mol^{-1}} = 0.1405\ \mathrm{g}$$

となり，含有率(質量分率)は58.6 %および36.7 %と算出された．残り4.7 %が少量成分と考えられた．

バーチャル実験4.2

飲料水中のカルシウムとマグネシウムの分別定量

水道水中のカルシウムとマグネシウムは石けんの泡立ちや飲用時の味に影響を及ぼす．その含有量は**硬度**とよばれ，水の性質を示す1つの指標である．

(a) カルシウムとマグネシウムの合量の定量

飲料水100 mLにアンモニア–塩化アンモニウム緩衝液とBT指示薬を加えてカルシウムとマグネシウムを1.066×10^{-2} mol L^{-1} EDTA標準液で滴定した．溶液の色が赤から青に変わり，赤味が完全になくなった点を終点として判定したところ，3.54 mL, 3.55 mL, 3.57 mLを要した．したがって，この飲料水のカルシウムとマグネシウムの合計の濃度は

$$1.066 \times 10^{-2} \times \frac{3.55}{100.0} = 3.78 \times 10^{-4} \text{ mol L}^{-1}$$

とわかった．

(b) カルシウムの定量

飲料水100 mLに10 mol L^{-1}水酸化カリウム溶液を4 mL加え，しばらく放置して$Mg(OH)_2$の沈殿と熟成を待った後，NN指示薬を加えて(a)と同じ1.066×10^{-2} mol L^{-1} EDTA標準液で滴定した．溶液の色が赤から青色に変わり，赤味が完全になくなった点を終点としたところ，2.79 mL, 2.80 mL, 2.81 mLを要した．この飲料水中のカルシウムの濃度は

$$1.066 \times 10^{-2} \times \frac{2.80}{100.0} = 2.98 \times 10^{-4} \text{ mol L}^{-1}$$

であった．したがってマグネシウムの濃度は

$$3.78 \times 10^{-4} - 2.98 \times 10^{-4} = 0.80 \times 10^{-4} \text{ mol L}^{-1}$$

とわかった．

4.4　他の分析法との関連

錯形成反応以外に他の機能をあわせもつ試薬を**二官能性キレート配位子**（bi-functional chelating reagent）とよぶ．例えば，EDTAのエチレン基にベンゼン環を介してイソチオシアネート基を導入すると，その部分でタンパク質表面のリシン残基由来のアミノ基などと共有結合を形成する．その後で金属イオンを導入することで，**イムノアッセイ**や**核磁気共鳴イメージング**（magnetic resonance imaging，MRI）などの医療診断に利用されている．

錯形成反応によって生成する錯体は多様な性質をもつので，他のいろいろな分析法と組み合わせることができる．ある種の金属錯体は有機溶媒に可溶となるので，溶媒抽出法（7章）により分離・濃縮に用いられる．生成する錯体の性質がわずかしか違わなくても液体クロマトグラフィーなどを用いることで分離できる．また，配位子を高分子母体の中に化学的に固定したものはキレート樹脂とよばれ，イオン交換法（8章）に用いられる．さらに，金属指示薬の変色などの光学的特性変化は，吸光光度法や蛍光光度法の基礎となっている（『機器分析』吸光光度法，蛍光光度法を参照）．

第5章 沈殿生成反応と重量分析・沈殿滴定

対象イオンが試薬と反応して沈殿を生成する**沈殿生成反応**（precipitation reaction）は，イオン性化学種の分離や重量分析・沈殿滴定に広く利用される．本章では，**沈殿生成平衡**（precipitation equilibrium）を定量的に取り扱う方法およびその利用法について学ぶ．

5.1 沈殿生成反応と溶解度積

例えば，銀イオンは塩化物イオンと反応して塩化銀の沈殿を生じる．

$$Ag^{+} + Cl^{-} \rightleftharpoons AgCl(s) \tag{5.1}$$

ここで(s)は固相であることを示している．この反応は，4章で述べた錯形成反応の1つと考えることができ，生成定数を当てはめると次式のようになる．

$$K_{AgCl} = \frac{[AgCl]}{[Ag^{+}][Cl^{-}]} \tag{5.2}$$

ここで［AgCl］は溶液中に溶けている濃度を表す．沈殿が存在している限り溶液はその物質で**飽和**（saturation）（それ以上溶けない状態）しており，［AgCl］は一定である．したがって，次のような値が沈殿生成平衡を支配する．

$$K_{sp} = \frac{[AgCl]}{K_{AgCl}} = [Ag^{+}][Cl^{-}] = 10^{-9.8}\ mol^{2}\ L^{-2} \tag{5.3}$$

この定数を**溶解度積**（solubility product）とよぶ．酸解離定数の場合と同様に，$-\log K_{sp} = pK_{sp}$と表す．主な沈殿の溶解度積を**付表4**に示す．式(5.3)は沈殿の物質量を含んでおらず，沈殿と平衡にある溶液中の溶存種について成立している．これを用いて沈殿の生成を予測することができる．

例題5.1

2×10^{-5} mol L^{-1}の硝酸銀溶液1 Lと2×10^{-5} mol L^{-1}の塩化ナトリウム溶液1 Lを混合するとき，塩化銀の沈殿は生成するか？　また塩化ナトリウム溶液の濃度を2×10^{-3} mol L^{-1}とした場合はどうなるか？

解答

前者の場合，混合後の濃度はともに1×10^{-5} mol L^{-1}となる．このとき，溶解度積に相当する数値を計算すると，その値は溶解度積$K_{sp}=10^{-9.8}$ mol^2 L^{-2}を越えていないので，沈殿は生じない．

$$[Ag^+][Cl^-] = 10^{-10}\ mol^2\ L^{-2} < K_{sp}$$

一方，2×10^{-5} mol L^{-1}の硝酸銀溶液1 Lと2×10^{-3} mol L^{-1}の塩化ナトリウム溶液1 Lを混合すると，

$$[Ag^+][Cl^-] = 10^{-8}\ mol^2\ L^{-2} > K_{sp}$$

となり，沈殿が生成すると予想できる．銀イオンおよび塩化物イオンがそれぞれx(mol L^{-1}）ずつ沈殿生成反応で消費された後に沈殿平衡が成立すると，

$$K_{sp} = (10^{-5}-x)\times(10^{-3}-x)$$

より，$x=0.98\times10^{-5}$ mol L^{-1}となり，銀イオンの98 %が沈殿することがわかる．

より一般的に，M^{p+}とR^{q-}が沈殿M_qR_pを生成する場合，その溶解度積は，錯形成反応の場合の全生成定数に対応するように定義される．

$$M^{p+} + R^{q-} \rightleftharpoons M_qR_p(s) \qquad (5.4)$$

$$K_{sp} = [M^{p+}]^q[R^{q-}]^p \qquad (5.5)$$

溶解度積K_{sp}が小さいほど（pK_{sp}が大きいほど），その沈殿は溶けにくい（難溶性という）．例えば，ハロゲン化銀については次の通りである．

$$AgI\,(10^{-16.1}\,mol^2\,L^{-2}) < AgBr\,(10^{-12.3}\,mol^2\,L^{-2}) < AgCl\,(10^{-9.8}\,mol^2\,L^{-2})$$

この数値を用いて，沈殿の溶解現象も予測できる.

例題5.2

塩化銀とフッ化カルシウムの水への溶解度を求めよ．また，フッ化カルシウムの10^{-2} mol L^{-1}のフッ化ナトリウム溶液への溶解度は水中と比べてどのように変化するか？

解答

塩化銀が濃度S(mol L^{-1}）に相当する物質量だけ溶解して平衡に達したとすると，

$$[Ag^+] = [Cl^-] = S$$

$$K_{sp} = 10^{-9.8}\,mol^2\,L^{-2} = S^2$$

$$S = [Ag^+] = [Cl^-] = \sqrt{K_{sp}} = 10^{-4.9}\,mol\,L^{-1}$$

となる.

同様にしてフッ化カルシウムが濃度S(mol L^{-1}）に相当する物質量だけ溶解して平衡に達したとすると，

$$[Ca^{2+}] = S$$

$$[F^-] = 2S$$

$$K_{sp} = 10^{-10.5}\,mol^3\,L^{-3} = 4S^3$$

$$S = [Ca^{2+}] = \left(\frac{K_{sp}}{4}\right)^{\frac{1}{3}} = 10^{-3.7}\,mol\,L^{-1}$$

$$[F^-] = 2S = 10^{-3.4}\,mol\,L^{-1}$$

となる．溶解度積の値はフッ化カルシウムの方が小さいが，物質量濃度で表した溶解度は塩化銀の方が小さい．沈殿の組成が異なる場合，溶解度積の次元（単位）が異なるので，その大小を単純に比較することはできない.

10^{-2} mol L^{-1}のフッ化ナトリウム溶液への溶解では，この濃度のフッ化物イオンに加えてどれだけの沈殿が溶解するかという問題なので，次のような関係となる．

$$K_{sp} = S(10^{-2} + 2S)^2$$

$2S \ll 10^{-2}$ mol L^{-1}と仮定すれば，$K_{sp} \approx 10^{-4}\,S$となり$S = 10^{-6.5}$ mol L^{-1}と算出でき，十分よい近似であることも確認できる．上記の水の場合と比べて溶解度が小さくなる現象を，フッ化物イオンの**共通イオン効果**（common ion effect）とよぶ．

5.2　沈殿生成平衡

実際の反応系では，沈殿生成以外の反応も関与するが，錯形成平衡の場合と同様に副反応係数を用いると容易に取り扱うことができる．金属イオンM^{p+}を**沈殿剤**（precipitating reagent）R^{q-}を用いて沈殿させる場合を考える（一部の電荷は省略）．

$$M' \begin{cases} M^{p+} \\ \downarrow\uparrow \\ ML \\ \downarrow\uparrow \\ ML_2 \\ \downarrow\uparrow \end{cases} + \quad R' \begin{cases} R^{q-} \\ \downarrow\uparrow \\ HR^{(q-1)-} \\ \downarrow\uparrow \\ H_2R^{(q-2)-} \\ \downarrow\uparrow \end{cases} \rightleftharpoons M_qR_p(s)$$

主反応としての沈殿生成平衡の生成物M_qR_p以外でMを含む化学種をM′，Rを含む化学種をR′とすると

$$[M'] = \alpha_{M(L)}[M] \tag{5.6}$$

$$[R'] = \alpha_{R(H)}[R] \tag{5.7}$$

のように表される．これを式(5.5)に代入し，整理すると

$$K_{sp} = [M^{p+}]^q[R^{q-}]^p = \frac{[M']^q[R']^p}{{\alpha_{M(L)}}^q \times {\alpha_{R(H)}}^p} \tag{5.8}$$

$$K_{sp}(\alpha_{M(L)}{}^{q}\times\alpha_{R(H)}{}^{p}) = [M']^{q}[R']^{p} = K_{sp}' \quad (5.9)$$

となる．K_{sp}'を錯形成反応にならって**条件溶解度積**（conditional solubility constant）または**みかけの溶解度積**（apparent solubility constant）とよぶ．$\alpha_{M(L)} \geqq 1$，$\alpha_{R(H)} \geqq 1$なので，その分だけ見かけ上の溶解度は増加することになる．

5.2.1　酸塩基反応の影響

一般に，金属イオンを含む溶液のpHを上昇させると加水分解反応が起こり，中性の化学種が水酸化物として沈殿する．Al^{3+}の場合，式(5.10)～式(5.12)のように逐次の反応が考えられる．

$$Al^{3+} + OH^- \rightleftharpoons [Al(OH)]^{2+} \quad (5.10)$$

$$[Al(OH)]^{2+} + OH^- \rightleftharpoons [Al(OH)_2]^{+} \quad (5.11)$$

$$[Al(OH)_2]^{+} + OH^- \rightleftharpoons Al(OH)_3(s) \quad (5.12)$$

しかし実際には，特に希薄な溶液でない限り，$[Al(OH)]^{2+}$や$[Al(OH)_2]^{+}$などの中間の化学種は無視できる程度にしか生成しないので，実質的には次のように表される．

$$Al^{3+} + 3\,OH^- \rightleftharpoons Al(OH)_3(s) \quad (5.13)$$

$$K_{sp} = [Al^{3+}][OH^-]^3 = 10^{-32.8}\ \mathrm{mol^4\,L^{-4}} \quad (5.14)$$

また，Al^{3+}のような**両性**（amphoteric）金属イオンの場合，さらに高いpHで$[Al(OH)_4]^-$（AlO_2^-と書くこともできる）として再び溶解する．

$$Al(OH)_3(s) + OH^- \rightleftharpoons [Al(OH)_4]^- \quad (5.15)$$

この反応も，次のような沈殿生成平衡として書くことができる．

$$[Al(OH)_4]^- + H^+ \rightleftharpoons Al(OH)_3(s) + H_2O \quad (5.16)$$

$$K_{sp} = [Al(OH)_4{}^-][H^+] = 10^{-14.4}\ \mathrm{mol^2\,L^{-2}} \quad (5.17)$$

両者を併せて，溶液中に溶けているAl^{3+}の総濃度［Al'］は次のように表される．

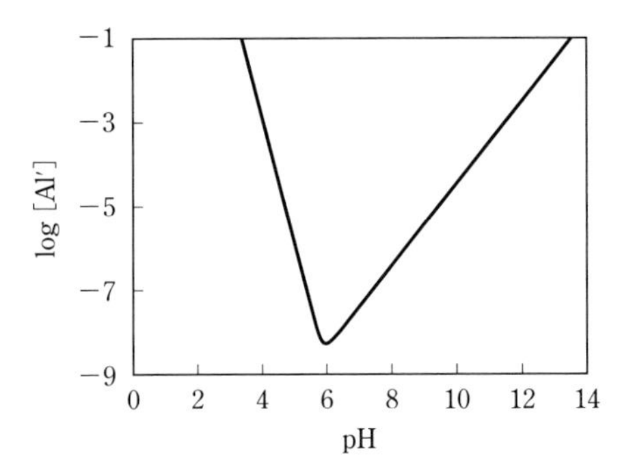

図5.1　溶解し得るアルミニウムの総濃度の対数とpHの関係

$$[\mathrm{Al'}] = [\mathrm{Al^{3+}}] + [\mathrm{Al(OH)_4{}^-}]$$
$$= \frac{10^{-32.8}}{[\mathrm{OH^-}]^3} + \frac{10^{-14.4}}{[\mathrm{H^+}]} = 10^{9.2} \times [\mathrm{H^+}]^3 + \frac{10^{-14.4}}{[\mathrm{H^+}]} \qquad (5.18)$$

図5.1にはlog［Al′］とpHの関係を示す．酸性領域では，pHの上昇とともに$Al(OH)_3$の沈殿生成が進むために溶存量（溶解しているアルミニウムの総物質量）が減少する．一方，pH 5.8以上では［$Al(OH)_4$］$^-$として存在できるようになるために溶存量は増加するという，両性物質の性質が定量的に表現されている．

金属イオンの加水分解は，ここで述べたように金属イオンを1つだけ含む化学種（単核）として進む場合のほかに，ヒドロキソあるいはオキソ基で架橋することによって多核化する場合もある．例えば，ジルコニウム(IV)の四量体，ビスマス(III)の六量体，バナジウム(V)の十量体などが知られており，**図5.2**のような美しい立体構造をもつ．

一方，沈殿剤の酸塩基平衡を有効に利用した例として，古典的な金属イオンの**系統分析**（systematic analysis）がある．この方法では，1属は塩化物の，3属は水酸化物の，5属は炭酸塩の沈殿として分離され，6属はイオンとして残るのに対して，2属および4属はいずれも硫化物として分離されるが，その分別は次のようなpHの調整によっている．対象となる金属イオンを10^{-2} mol L^{-1}，酸濃度を0.3 mol L^{-1}，硫化水素ガスの溶解度を10^{-1} mol L^{-1}とすると，pH 0.5での硫化物イオンの（水素イオンとの）副反応係数は

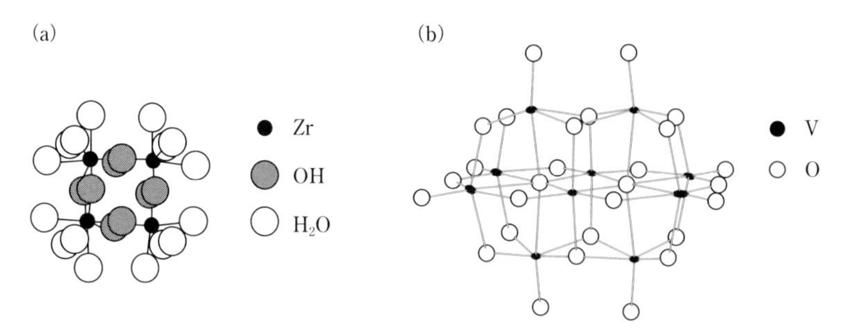

図5.2　多核化した加水分解種の構造
(a)ジルコニウム(IV)の四量体 $[Zr_4(OH)_8(H_2O)_{16}]^{8+}$，(b)バナジウム(V)の十量体 $[V_{10}O_{28}]^{6-}$

$$\alpha_{S(H)} = 1 + 10^{13.9-0.5} + 10^{20.9-0.5\times2} = 10^{19.9}$$

で与えられる．したがって，

$$K_{sp} = [M^{2+}][S^{2-}] = 10^{-2}\times\frac{10^{-1}}{10^{19.9}} = 10^{-22.9}\ \mathrm{mol^2\ L^{-2}}$$

が境界となって，硫化物がこれ以上に難溶性の金属イオン，例えばHg^{2+}，Cd^{2+}，Pb^{2+}，Cu^{2+}などは沈殿するのに対して，Co^{2+}，Ni^{2+}，Zn^{2+}などは沈殿しない（付表4参照*1）．1属から3属の金属を除去した後，pH 9として硫化水素と反応させると，その条件下での硫化物イオンの（水素イオンとの）副反応係数は

$$\alpha_{S(H)} = 1 + 10^{13.9-9} + 10^{20.9-9\times2} = 10^{4.9}$$

となる．したがって，

$$K_{sp} = [M^{2+}][S^{2-}] = 10^{-2}\times\frac{10^{-1}}{10^{4.9}} = 10^{-7.9}\ \mathrm{mol^2\ L^{-2}}$$

より難溶性のCo^{2+}，Ni^{2+}，Zn^{2+}などが沈殿する．

---

*1　数値が複数ある場合は結晶系の違いによるものであり，沈殿生成直後は一般的に大きい溶解度積（小さいpK_{sp}）に従う．

例題5.3

フッ化カルシウムの沈殿を含む溶液のpHを2に調整した．このときの溶解度Sを求めよ．

解答

溶解したカルシウムイオンには副反応がないので，$[Ca^{2+}]=S$であるのに対して，溶解したフッ化物イオンは一部プロトン付加してHFとなっており，次の関係が成り立つ．

$$2S = [F^-] + [HF]$$

このとき，

$$[F^-] = \frac{2S}{\alpha_{F(H)}}$$

$$\alpha_{F(H)} = 1 + K_{HF}[H^+] = 10^{1.20}$$

で表される．したがって，

$$K_{sp} = [Ca^{2+}][F^-]^2 = S \times \left(\frac{2S}{\alpha_{F(H)}}\right)^2$$

$$4S^3 = K_{sp} \times {\alpha_{F(H)}}^2$$

$$S = [Ca^{2+}] = 10^{-2.90}\ \mathrm{mol\ L^{-1}}$$

$$[F^-] = 10^{-3.80}\ \mathrm{mol\ L^{-1}}$$

$$[HF] = 10^{-2.63}\ \mathrm{mol\ L^{-1}}$$

このようにして得られた各化学種の濃度は，物質収支，沈殿生成平衡および酸塩基平衡をすべて満たしている．

5.2.2 金属イオンの錯形成反応の影響

金属イオンを含む溶液に強塩基を加えてpHを上昇させると，5.2.1項で述べた両性金属以外は水酸化物として沈殿する．一方，弱塩基のアンモニアを用いると，アンミン錯体を形成するために沈殿生成反応が抑制され，均一溶液を得ることができるため，キレート滴定などに利用される．

例題5.4

例題4.1で述べた条件では，銅イオンが水酸化物として沈殿しないことを示せ．

解答

この条件では$\alpha_{Cu(NH3)}=10^{9.91}$であった．仮に銅イオンの総濃度が$10^{-2}$ mol L^{-1}であったとすると，以下の数値は溶解度積の値より小さい．

$$[Cu^{2+}][OH^-]^2=\frac{10^{-2}}{10^{9.91}}\times(10^{-14-(-10)})^2=10^{-19.91}\ mol^3\ L^{-3}<10^{-19.32}\ mol^3\ L^{-3}$$

よって，沈殿は生成しないことがわかる．

アンモニア緩衝液の総濃度が0.1 mol L^{-1}，0.2 mol L^{-1}，0.4 mol L^{-1}，および0.8 mol L^{-1}について，pHが7.3～10.7の範囲で，同様にして上記の積を算出し，その対数値とpHの関係を**図5.3**に示す．図中の破線で示した水平線より上の条件では，水酸化銅が沈殿する．pHがアンモニウムイオ

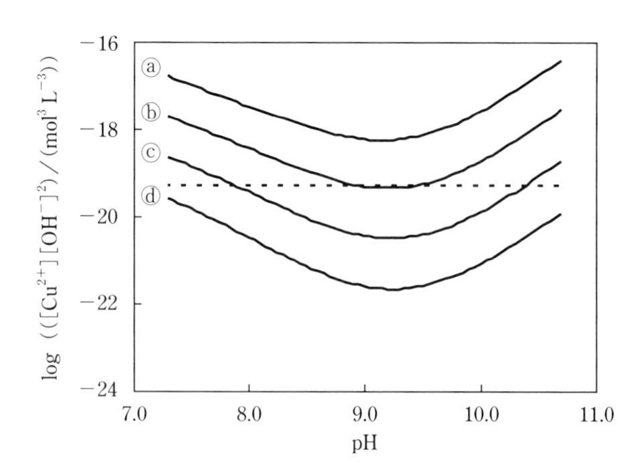

図5.3　Cu^{2+}の沈殿生成に対するアンモニア緩衝液濃度とpHの影響
アンモニア緩衝液濃度／(mol L^{-1})：ⓐ0.1，ⓑ0.2，ⓒ0.4，ⓓ0.8．破線は沈殿生成限界を示す．

ンのpK_aより小さい領域では，pHの増加に伴い，$[OH^-]$の増加以上に$\alpha_{Cu(NH3)}$が増加するため，縦軸の値は減少する．一方$pH > pK_a$では，$\alpha_{Cu(NH3)}$がほぼ一定となるので，pHの増加，つまり$[OH^-]$の増加に伴い，縦軸の値は増加する．同じpHでは，アンモニア緩衝液の濃度が高いほどアンミン錯体が安定となるために，沈殿を生成しにくくなる．

5.3 重量分析

試料溶液に沈殿剤を加えて目的イオンを沈殿とし，母液から分離後，一定組成の化学形として質量を測定することによって定量する方法を**重量分析**（gravimetric analysis）とよぶ．定量に比較的長い時間を要するという欠点をもっているが，高い精度で定量することができる．質量を測定するときの化学形は，一定で安定な化学組成である必要があり，実際に沈殿させる場合の化学形と必ずしも一致しない．例えば，Ag^+を定量するのにCl^-を加え，AgClの沈殿としてその質量を測定する場合は，2つの化学形は同一であるが，Ca^{2+}を定量するのに$C_2O_4^{2-}$を加え，CaC_2O_4として沈殿させた後，高温で酸化してCaOとして質量を量る場合は，2つの化学形が異なる．

一般に，同じ物質量に対してモル質量が大きいほど測定する質量は大きくなるので，相対的なひょう量誤差は小さくなる．例えば，0.001 molのAl^{3+}をアルミナにすると0.051 gとなるが，8-キノリノール（Hq，構造式は図7.11参照）の錯体$[Alq_3]$として沈殿させれば0.459 gとなり，質量を測定する際の誤差が一定であれば，ひょう量の精度，そして結果的には分析の精度をほぼ10倍向上させることができる．

あるイオンが沈殿する場合に，その条件で溶解度積から予測すると沈殿しないはずの別のイオンが一緒に沈殿する現象を**共沈**（coprecipitation）とよぶ．例えば，pH 13の溶液中ではCa^{2+}は$10^{-3.19}$ mol L^{-1}，Mg^{2+}は$10^{-9.15}$ mol L^{-1}まで溶解するので，両者を分離できると予想されるが，実際には$Mg(OH)_2$の沈殿の中に$Ca(OH)_2$が一緒になって沈殿する．したがって実際の操作にあたっては，このような点に注意しなければならない．

◎ 共沈の活用

共沈のこのような性質を積極的に利用することもできる．例えば，海水中の金属元素は含有量が少ないので，これを定量するためにはあらかじめ濃縮することが必要である．単純な加熱やイオン交換による濃縮は，多量に含まれるNaClに著しく妨害される．このような場合，目的以外の金属イオンを少量加えて，pHを調整することにより水酸化物として沈殿させると，その中に微量元素が共沈してくる．この沈殿を集めて少量の酸に溶解すれば，NaClの影響を受けることなく，金属元素を容易に高倍率で濃縮することができる．

バーチャル実験5.1

ジメチルグリオキシムによる特級塩中のニッケルの定量

あらかじめガラスフィルターに対して，110 ℃～120 ℃の電気乾燥器中での加熱，デシケーター中での放冷，ひょう量の一連の操作を繰り返すことで，その質量が35.0247 gであることを確認した．特級の硫酸ニッケルアンモニウム［$(NH_4)_2Ni(SO_4)_2 \cdot 6H_2O$，モル質量：395.0 g mol^{-1}］の純度を決定するために，その0.1988 gをはかり取り，塩酸溶液とした．この中に，ジメチルグリオキシムの1％エタノール溶液30 mLを少量ずつ混ぜながら加えると，ニッケル-ジメチルグリオキシム錯体の赤色沈殿が生成した．

さらに，溶液がアルカリ性になるまでアンモニア水を滴下し，時計皿で蓋をして，湯浴上で30分間加熱して，沈殿を熟成した．溶液全体が暖かいうちに，ガラスフィルターで沈殿を吸引ろ過し，熱水5 mL～10 mLでビーカーを洗い，すべての沈殿をガラスフィルターに移した．沈殿の入ったガラスフィルターに対して，110 ℃～120 ℃の電気乾燥器中での約1時間の加熱，放冷，ひょう量の一連の操作を繰り返して恒量化した結果，その質量は35.1697 gであった．

捕集前後のガラスフィルターの質量の差から，ニッケル-ジメチルグリオキシム錯体の質量は0.1450 g，錯体のモル質量（288.92 g mol^{-1}）を考慮すると，物質量は5.018×10^{-4} molと定量された．一方で，はかり取った試料が純粋だとすると，その物質量は$0.1988/395.0 = 5.033 \times 10^{-4}$ molのはずである．したがって，ニッケルの定量に基づく特級塩の純度（物質量分率）は$(5.018/5.033) \times 100 = 99.7$ %であることがわかった．

5.4　沈殿滴定

銀イオンを用いるハロゲン化物（Cl^-，Br^-，I^-）および擬ハロゲン化物イオン（CN^-，SCN^-など）の滴定を例にして，**沈殿滴定**（precipitation titration）を説明する．これらのイオンX^-がAg^+と次式に従って沈殿を生成する反応を利用する．

$$Ag^+ + X^- \rightleftharpoons AgX(s) \tag{5.19}$$

5.4.1　滴定曲線

図5.4に示すように，濃度C_XのX^-溶液を滴定剤Ag^+の総濃度C_{Ag}となるまで滴定した任意の点を考える．このとき，銀イオンおよびハロゲン化物イオンについての物質収支および平衡は次のように表される．

$$C_{Ag} = [AgX(s)] + [Ag^+] \tag{5.20}$$

$$C_X = [AgX(s)] + [X^-] \tag{5.21}$$

$$K_{sp} = [Ag^+][X^-] \tag{5.22}$$

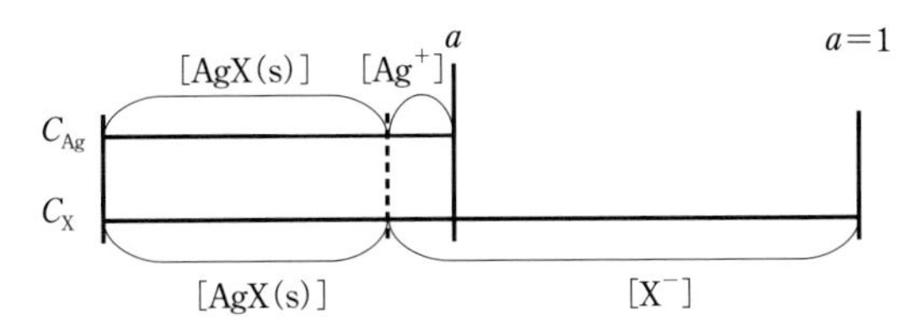

図5.4　沈殿滴定における量的な関係
実際には，当量点前の［Ag^+］は極めて小さい．

生成する沈殿に濃度を考えるのは科学的ではないが，便宜的に沈殿が溶液中に均一に分散していると考えて，その濃度を［AgX(s)］と表す．式(5.20)と式(5.21)から式(5.23)が得られる．

$$C_{Ag}=C_X+[Ag^+]-[X^-] \tag{5.23}$$

その両辺をC_Xで割ることにより，滴定率a（$=C_{Ag}/C_X$）の一般式が得られる．

$$a=\frac{C_{Ag}}{C_X}=1+\frac{[Ag^+]}{C_X}-\frac{K_{sp}}{C_X[Ag^+]} \tag{5.24}$$

当量点よりある程度以上前では，X^-が過剰でAg^+の濃度は低く保たれ，式(5.24)の第2項は無視できるほど小さいので，滴定率と遊離の銀濃度の関係は次のようになる．

$$a=1-\frac{K_{sp}}{C_X[Ag^+]} \tag{5.25}$$

$$[Ag^+]=\frac{K_{sp}}{C_X(1-a)} \tag{5.26}$$

K_{sp}が小さいほど［Ag^+］は小さい値に保たれる．式(5.24)で$a=1$とすることにより，当量点でのAg^+およびX^-の濃度は式(5.27)のように表すことができる．

$$[Ag^+]=[X^-]=\sqrt{K_{sp}} \tag{5.27}$$

一方，当量点よりある程度以上後ではAg^+が過剰に存在するため，式(5.24)の第3項は無視できるほど小さくなり，滴定率と遊離の銀イオン濃度の関係は次のようになる．

$$a=1+\frac{[Ag^+]}{C_X} \tag{5.28}$$

$$[Ag^+]=(a-1)C_X \tag{5.29}$$

この領域では，遊離の銀イオンの濃度は沈殿の性質（K_{sp}）に依存せず，いずれのハロゲン化物イオンの場合も同じ滴定曲線になる．

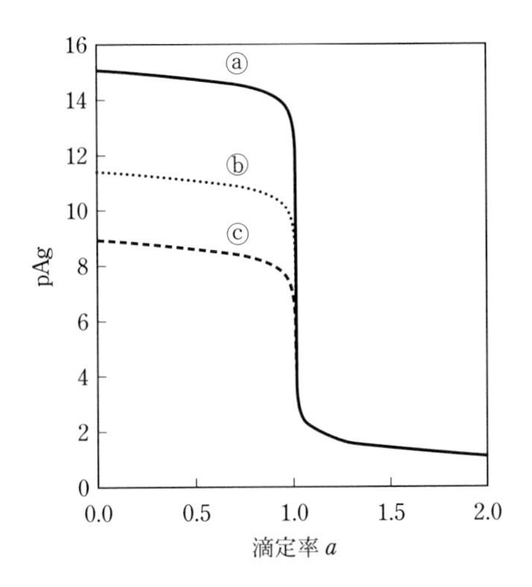

図5.5　0.1 mol L^{-1}ハロゲン化物イオンの銀イオンによる滴定曲線
ⓐヨウ化物イオン，ⓑ臭化物イオン，ⓒ塩化物イオン.

0.1 mol L^{-1}ハロゲン化物イオンの銀イオンによる滴定について，これらの式を用いて［Ag^+］を算出し，$-\log([Ag^+]/(\mathrm{mol\ L^{-1}}))=\mathrm{pAg}$を縦軸にとって，滴定率$a$に対してプロットすると**図5.5**のような滴定曲線が得られる．なお，式(5.24)から滴定曲線の変曲点は当量点と厳密に一致することを導くことができる.

5.4.2　終点決定法

被滴定液中にAg^+の濃度に応答する電極を挿入して電位差滴定を行えば(『機器分析』電気分析化学を参照)，図5.5のようなグラフが得られるので，作図あるいはコンピュータソフトを用いて終点を決定することができる. このほかに，古典的であるが化学反応を巧妙に利用した次のような終点指示法もある.

リービッヒ(Liebig)法：指示薬を用いずにCN^-をAg^+で滴定する．当量点前では，加えたAg^+が瞬間的に$AgCN$の沈殿を生成するが，ただちに過剰のCN^-と式(5.30)のように反応して溶解する．しかし，半分に達すると式(5.31)の沈殿反応が進む．したがって，加えたAg^+による沈殿が消失することなく残るところを判定することによって終点を決定できる．このときまでに消費したAg^+

の2倍の物質量のCN^-が存在することになる.

$$2\,CN^- + Ag^+ \rightleftharpoons [Ag(CN)_2]^- \tag{5.30}$$

$$[Ag(CN)_2]^- + Ag^+ \rightleftharpoons 2\,AgCN(s) \tag{5.31}$$

モール（Mohr）**法**：K_2CrO_4を指示薬としてCl^-をAg^+で滴定する．Ag^+を加えると，式(5.32)に従って，より難溶性のAgClが優先的に沈殿するが，滴定率の増加とともに溶液中のAg^+の濃度は徐々に増加する．当量点では$[Ag^+]=[Cl^-]=10^{-4.9}\ mol\ L^{-1}$となる．クロム酸銀$Ag_2CrO_4$の溶解度積$K_{sp}=10^{-11.92}\ mol^2\ L^{-2}$を考慮して，指示薬の濃度を$[CrO_4{}^{2-}]=K_{sp}/[Ag^+]^2=10^{-2.12}=0.008\ mol\ L^{-1}$となるように設定しておくと，この時点で式(5.33)に従ってAg^+が$CrO_4{}^{2-}$イオンと赤色のAg_2CrO_4の沈殿を形成するので，これによって終点を決定できる.

$$Ag^+ + Cl^- \rightleftharpoons AgCl(s) \tag{5.32}$$

$$2\,Ag^+ + CrO_4{}^{2-} \rightleftharpoons Ag_2CrO_4(s) \tag{5.33}$$

例題5.5

指示薬として$10^{-2.5}\ mol\ L^{-1}$のクロム酸カリウムK_2CrO_4を用い，$10^{-3}\ mol\ L^{-1}$の塩化物イオン溶液を銀標準液で滴定した．この際に予想される理論的な絶対誤差および相対誤差を求めよ.

解答

この濃度のクロム酸イオンと反応してクロム酸銀の沈殿が生成する銀イオンの濃度は

$$[Ag^+] = \sqrt{\frac{10^{-11.92}}{10^{-2.5}}} = 10^{-4.71} = 1.9\times10^{-5}\ mol\ L^{-1}$$

であり，このとき塩化物イオンの濃度は

$$[Cl^-] = \frac{10^{-9.8}}{10^{-4.71}} = 10^{-5.09} = 0.8\times10^{-5}\ mol\ L^{-1}$$

である．他の塩化物はすべて塩化銀として沈殿しているので，これらの差に相当する1.1×10^{-5} mol L^{-1}だけ銀イオンを入れすぎていることになる．したがって，これが絶対誤差となり，相対誤差はこの値を試料濃度の10^{-3} mol L^{-1}で割ることで+1.1 %と得られる．

フォルハルト（Volhard）**法**：Fe^{3+}を指示薬としてAg^{+}をSCN^{-}で滴定する．加えたSCN^{-}は式(5.34)に従ってAg^{+}と優先的に反応してAgSCN(s)を生成するが，当量点を越えてSCN^{-}が過剰になると，式(5.35)によって赤色のチオシアナト鉄錯体 $[Fe(SCN)_n]^{3-n}$を生成するので，これを目安に終点を決定する．

$$Ag^{+} + SCN^{-} \rightleftharpoons AgSCN(s) \tag{5.34}$$

$$Fe^{3+} + n\,SCN^{-} \rightleftharpoons [Fe(SCN)_n]^{3-n} \tag{5.35}$$

ファヤンス（Fajans）**法**：フルオレッセインなどの**吸着指示薬**（adsorption indicator）を用いてハロゲン化物イオンをAg^{+}で滴定する．当量点より前では，ハロゲン化物イオンが過剰に存在して，沈殿の表面に吸着しているために，陰イオン性の吸着指示薬は静電的な反発により吸着できない．一方，当量点を過ぎると，Ag^{+}が過剰となり沈殿の表面に吸着し，負電荷の吸着指示薬も吸着する．この際，溶液の蛍光が消失し，沈殿の表面が赤に変色するので，それを目安に終点を決定できる．

バーチャル実験5.2

硝酸銀溶液による醤油中の塩化物イオンをはじめとするハロゲン化物イオンの定量

市販の醤油1 mLをとり100 mLに希釈した．その10 mLをとり，硝酸銀標準液（2.789×10^{-2} mol L^{-1}）を用いてモール法で滴定した．ハロゲン化銀の白沈の量が増えるに従って，赤色沈殿の生成も認められるが，かき混ぜると消失した．かき混ぜても赤味が消えなくなったところを終点としたところ，滴定値は9.77 mL，9.79 mL，9.80 mLであった．したがって，希釈した試料溶液中のハロゲン化物イオンの濃度Cは

$$C = 2.789 \times 10^{-2} \times \frac{9.79}{10.00} = 2.730 \times 10^{-2}\ \mathrm{mol\ L^{-1}}$$

となり，希釈を考慮すると，醤油中のハロゲン化物イオンの濃度は 2.73 mol L^{-1} であることがわかった．

ここで指示薬として用いたクロム酸カリウムは，酸化数が 6 のクロムで人体に特に有害であるので，系外に排出しないように注意しなければならない．また，可能な場合にはファヤンス法などを用いることが推奨される．

第6章　酸化還元反応と酸化還元滴定

物質が電子を放出する反応を**酸化**（oxidation），電子を受け取る反応を**還元**（reduction）と定義する．酸化と還元は必ず対になって起こるので，これを強調する場合には，**酸化還元反応**（redox reaction）とよぶ．本章では，**酸化還元平衡**（redox equilibrium）を定量的に取り扱う方法および，それを利用する**酸化還元滴定**（redox titration）について学ぶ．

6.1　酸化還元反応

溶液中でCe^{4+}とFe^{2+}を混ぜると次の反応が起こる．

$$Ce^{4+} + Fe^{2+} \rightleftharpoons Ce^{3+} + Fe^{3+} \tag{6.1}$$

ここで，セリウムと鉄それぞれについて起こっている反応は次のように書くことができる．

$$Ce^{4+} + e^- \rightleftharpoons Ce^{3+} \tag{6.2}$$

$$Fe^{3+} + e^- \rightleftharpoons Fe^{2+} \tag{6.3}$$

式(6.2)や式(6.3)のような電子を含む反応を**半反応**（half reaction）とよび，それぞれの式に含まれる化学種のうちで，酸化数の大きい方（Ce^{4+}あるいはFe^{3+}）を**酸化体**（oxidized form），酸化数の小さい方（Ce^{3+}あるいはFe^{2+}）を**還元体**（reduced form）とよぶ．また，Fe^{2+}はCe^{4+}をCe^{3+}に還元しているので**還元剤**（reducing agent），Ce^{4+}はFe^{2+}をFe^{3+}に酸化しているので**酸化剤**（oxidizing agent）とよぶこともできる．Ce^{4+}とCe^{3+}あるいはFe^{3+}とFe^{2+}のような組み合わせを**共役酸化還元対**（conjugated redox couple）とよび，Ce^{4+}/Ce^{3+}あるいはFe^{3+}/Fe^{2+}のように表す．２つの半反応を電子が消えるように組み合わせることによって，１つの酸化還元反応式ができる．

２つの半反応の電子数が異なる場合には，移動する電子の数が同じになるように反応する物質量が変わる．例えばFe^{3+}とSn^{2+}の間の酸化還元反応の場合には，各半反応は式(6.4)および式(6.5)で表される．

$$Fe^{3+} + e^- \rightleftharpoons Fe^{2+} \tag{6.4}$$

$$Sn^{4+} + 2\,e^- \rightleftharpoons Sn^{2+} \tag{6.5}$$

したがって，Sn^{2+}に対して2倍の物質量のFe^{3+}が反応して，式(6.6)のような反応となる．

$$2\,Fe^{3+} + Sn^{2+} \rightleftharpoons 2\,Fe^{2+} + Sn^{4+} \tag{6.6}$$

半反応を2つ組み合わせることによって（$A + B \rightleftharpoons A' + B'$）型の反応式ができるという点で，電子の移動を扱う酸化還元反応は，水素イオンの移動を扱う酸塩基反応と似ている．しかし，酸塩基反応の場合には，溶媒としての水との間の水素イオン移動も併発することと，水の濃度が事実上一定とみなせることから，実際には（$A + B \rightleftharpoons A'$）型の反応として取り扱うことができ，水の塩基性を基準とした酸解離定数で反応の進みやすさを表現することを3.2節で述べた．これに対して，酸化還元反応の場合には，水との反応が平衡論的にも速度論的にも起こりにくいので（水との酸化還元反応は6.3.4項参照），（$A + B \rightleftharpoons A' + B'$）型の反応として取り扱うことになる．

6.2　標準酸化還元電位とネルンストの式

式(6.7)で示されるようなn個の電子移動を行う酸化還元対Ox/Redが，不活性な電極との間で電子の授受に関して平衡となる電極電位Eは，式(6.8)の**ネルンストの式**（Nernst equation）で与えられる．

$$Ox + n\,e^- \rightleftharpoons Red \tag{6.7}$$

$$E = E^\circ + \frac{RT}{nF} \times \ln \frac{[Ox]}{[Red]} \tag{6.8}$$

ここで，Rは気体定数（$8.314\ J\ K^{-1}\ mol^{-1}$），$T$は絶対温度（K），$F$はファラデー定数（$96\ 485\ C\ mol^{-1}$），[Ox］および［Red］はそれぞれ酸化体と還元体の濃度である．E°は，［Ox］および［Red］が**標準状態**（standard state，気体であ

れば101 325 Pa，溶液であれば1 mol L^{-1}，固体であれば純粋）にある場合について，式(6.9)の半反応を基準とした電位であり，**標準酸化還元電位**（standard redox potential）とよぶ．

$$2\,H^+ + 2\,e^- \rightleftharpoons H_2 \tag{6.9}$$

このH^+/H_2の酸化還元対を実体化したものを**標準水素電極**（standard hydrogen electrode，SHE）とよぶ（『機器分析』電気分析化学を参照）．温度を25 ℃とし，定数を代入したうえで，常用対数に直すと，式(6.8)は式(6.10)のようになる．なお，式(6.10)の電位はV単位である．

$$E = E^\circ + \frac{0.0592}{n}\log\frac{[\mathrm{Ox}]}{[\mathrm{Red}]} \tag{6.10}$$

いろいろな酸化還元対の標準酸化還元電位を**付表 5** に示す．この標準酸化還元電位E°が大きいほど酸化体の酸化力が強く，E°が小さいほど還元体の還元力が強い．したがって，大きなE°の値を有する対の酸化体は，小さなE°の値を有する対の還元体を酸化することができる．ただし，反応速度がきわめて遅いために，現実には進まない酸化還元反応も多い．半反応には，次のような種類がある．

6.2.1 単体/イオン系

単体/イオン系の半反応の例として，Cl_2/Cl^-系があげられる．その半反応は式(6.11)で，系の電位(V)は式(6.12)で表される．

$$Cl_2(aq) + 2\,e^- \rightleftharpoons 2\,Cl^- \tag{6.11}$$

$$E = 1.396 + 0.0296\log\frac{[Cl_2](aq)}{[Cl^-]^2} \tag{6.12}$$

ここで $[Cl_2]$(aq)は，溶液中の塩素ガスの濃度を表す．一連の17族元素は同じ形のネルンストの式を示し，その標準酸化還元電位は，原子番号の増加とともに次のように減少する（F_2(E°=2.87 V）＞Cl_2(1.396 V)＞Br_2(1.087 V)＞I_2(0.621 V))．フッ素はきわめて強い酸化剤で，高い反応性を示す．これに対して，ヨウ素の酸化力は弱く，むしろヨウ化物イオンが空気中の酸素によって徐々にヨウ素に酸化される．

6.2.2 イオン／金属系

イオン／金属系の半反応の例として，Zn^{2+}／Zn系があげられる．その半反応は式(6.13)で，系の電位(V)は式(6.14)で表される．

$$Zn^{2+} + 2\,e^- \rightleftharpoons Zn \tag{6.13}$$

$$E = -0.7626 + 0.0296 \log[Zn^{2+}] \tag{6.14}$$

$[Zn^{2+}] = 1\ mol\ L^{-1}$では，式(6.14)の第2項が0となるので，$E = -0.7626$ Vである．そのZn^{2+}の99％が還元されて$[Zn^{2+}] = 0.01\ mol\ L^{-1}$になっても，$E = -0.8218$ Vであり，わずかに0.0592 V下がるだけである．しかし，このあとはわずかな量だけ還元が進んでも，例えば$[Zn^{2+}] = 10^{-20}\ mol\ L^{-1}$では$E = -1.3546$ Vとなり，0.592 Vも減少する．

以下に示す**イオン化傾向**（ionization tendency）は，このイオン／金属系の標準酸化還元電位を低い方から順に並べたものである．

K＞Ca＞Na＞Mg＞Al＞Zn＞Fe＞Ni＞Sn＞Pb＞H＞Cu＞Ag＞Hg＞Pt＞Au

Kは容易にK^+になるのに対して，Au^+は容易にAuになる．

6.2.3 イオン／イオン系

イオン／イオン系の半反応の例として，Fe^{3+}／Fe^{2+}系があげられる．その半反応は式(6.15)，系の電位(V)は式(6.16)で表される．

$$Fe^{3+} + e^- \rightleftharpoons Fe^{2+} \tag{6.15}$$

$$E = 0.771 + 0.0592 \log \frac{[Fe^{3+}]}{[Fe^{2+}]} \tag{6.16}$$

第4周期の遷移金属イオンのM^{3+}／M^{2+}系では，Mn^{3+}（$E° = 1.5$ V）とCo^{3+}（1.92 V）が強い酸化剤であるのに対して，V^{2+}（-0.255 V）とCr^{2+}（-0.424 V）は強い還元剤である．Fe^{3+}／Fe^{2+}系は酸化剤としても還元剤としても中程度の力をもつ．

式(6.17)で示す過マンガン酸イオンの酸性条件下での半反応もこのグループと考えられるが，金属に配位している酸化物イオンO^{2-}を中和するために水素イオンが含まれるので，その電位を表す式(6.18)にも水素イオンの濃度が含まれる.

$$MnO_4^- + 8\,H^+ + 5\,e^- \rightleftharpoons Mn^{2+} + 4\,H_2O \tag{6.17}$$

$$E = 1.51 + \frac{0.0592}{5} \log \frac{[MnO_4^-][H^+]^8}{[Mn^{2+}]} \tag{6.18}$$

したがって，水素イオン濃度の増加に伴って，過マンガン酸イオンの酸化力は急激に強くなる．一方，中性条件での過マンガン酸イオンの半反応は式(6.19)，電位(V)は式(6.20)で表される.

$$MnO_4^- + 4\,H^+ + 3\,e^- \rightleftharpoons MnO_2(s) + 2\,H_2O \tag{6.19}$$

$$E = 1.70 + \frac{0.0592}{3} \log\,([MnO_4^-][H^+]^4) \tag{6.20}$$

6.3　半反応に対する他の反応の影響

酸化還元対の一方あるいは両方が，酸塩基・錯形成・沈殿生成などの他の反応にも関与する場合には，その系の酸化還元電位は，pH，錯形成試薬および沈殿試薬の種類や濃度などによって影響を受ける.

鉄を例にとって説明する．鉄には通常Fe^{3+}，Fe^{2+}，Feの３つの酸化状態があり，関係する酸化還元反応の半反応は，式(6.21)および式(6.22)で，その電位(V)は式(6.23)および式(6.24)で表される.

$$Fe^{3+} + e^- \rightleftharpoons Fe^{2+} \tag{6.21}$$

$$Fe^{2+} + 2e^- \rightleftharpoons Fe \tag{6.22}$$

$$E = 0.771 + 0.0592 \log \frac{[Fe^{3+}]}{[Fe^{2+}]} \tag{6.23}$$

$$E = -0.44 + \frac{0.0592}{2} \log\,[Fe^{2+}] \tag{6.24}$$

Fe^{3+}やFe^{2+}に酸塩基・錯形成・沈殿生成などの副反応がある場合，その全濃度（$[(Fe^{3+})']$ および $[(Fe^{2+})']$）と遊離の濃度との関係は，それぞれ次のように表すことができる.

$$[(Fe^{3+})'] = \alpha_{Fe3+}[Fe^{3+}] \qquad (6.25)$$

$$[(Fe^{2+})'] = \alpha_{Fe2+}[Fe^{2+}] \qquad (6.26)$$

ここで，α_{Fe3+}およびα_{Fe2+}は，それぞれFe^{3+}およびFe^{2+}の副反応係数を表す．これを式(6.23)および式(6.24)に代入すると，式(6.27)および式(6.28)となる．

$$E = 0.771 - 0.0592 \log \frac{\alpha_{Fe3+}}{\alpha_{Fe2+}} + 0.0592 \log \frac{[(Fe^{3+})']}{[(Fe^{2+})']} \qquad (6.27)$$

$$E = -0.44 - \frac{0.0592}{2} \log \alpha_{Fe2+} + \frac{0.0592}{2} \log [(Fe^{2+})'] \qquad (6.28)$$

ここで，右辺の第2項はpH，錯形成試薬および沈殿試薬の種類や濃度などの条件によって決まる値である．第1項との和（$E°$)$'$を**条件酸化還元電位**（conditional redox potential）あるいは**みかけの酸化還元電位**（apparent redox potential）とよび，その条件での3価鉄全体と2価鉄全体の濃度の比率（$[(Fe^{3+})']/[(Fe^{2+})']$）を予測するのに用いる．

6.3.1　酸塩基反応の影響

例えば，pHが十分に低い領域では，式(6.23)および式(6.24)に従う電位が実際に観測される（図6.1中の直線ⓐとⓑ）．しかし，pHが少し上昇すると，Fe^{3+}は式(6.29)に従って加水分解して沈殿し[*1]，その平衡は式(6.30)の溶解度積によって支配される．一方，Fe^{2+}は水和イオンとして存在する．

$$Fe^{3+} + 3\,OH^- \rightleftharpoons Fe(OH)_3(s) \qquad (6.29)$$

$$K_{sp} = [Fe^{3+}][OH^-]^3 = 10^{-38.8}\ mol^4\ L^{-4} \qquad (6.30)$$

この条件での酸化還元反応は式(6.31)または式(6.31′)で表される．

$$Fe(OH)_3(s) + e^- \rightleftharpoons Fe^{2+} + 3\,OH^- \qquad (6.31)$$

$$Fe(OH)_3(s) + 3\,H^+ + e^- \rightleftharpoons Fe^{2+} + 3\,H_2O \qquad (6.31')$$

---

*1　5.2.1項でAl^{3+}について述べたように，濃度の低い場合を除けば中間の化学種$Fe(OH)^{2+}$などの生成は無視できる．

その酸化還元電位(V)は式(6.23)と式(6.30)を組み合わせて

$$E = 0.771 + 0.0592 \log \frac{10^{-38.8}}{[OH^-]^3[Fe^{2+}]}$$

$$= (E^\circ)' + 0.0592 \log \frac{1}{[Fe^{2+}]} \quad (6.32)$$

$$(E^\circ)' = 0.96 - 3 \times 0.0592\,pH \quad (6.33)$$

となる．pHが上昇するにつれて，ⓒで示すように条件酸化還元電位は減少し，3価鉄がより安定に存在するようになる．これは先に述べた式(6.18)や式(6.20)の場合と同様である．さらにpHが上昇すると，式(6.34)に従うFe^{2+}の加水分解が始まり，式(6.27)および式(6.28)のいずれにも影響を及ぼす．

$$Fe^{2+} + 2\,OH^- \rightleftharpoons Fe(OH)_2(s) \quad (6.34)$$

$$K_{sp} = [Fe^{2+}][OH^-]^2 = 10^{-14.39}\ mol^3\ L^{-3} \quad (6.35)$$

これらを総合すると，電位とpHの関係は**図6.1**のようになる（ただし，$[Fe^{3+}]=[Fe^{2+}]=1\ mol\ L^{-1}$とする）．これを鉄の**状態図**（predominance diagram,

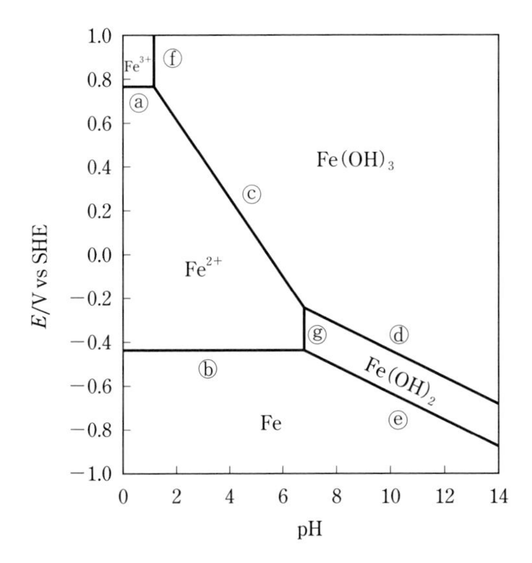

図6.1　鉄の状態図

$[Fe^{3+}]=[Fe^{2+}]=1\ mol\ L^{-1}$．直線ⓐ～ⓕは接する化学種の境界を示す．

phase diagram）とよぶ．標準酸化還元電位はSHEを基準として示されているので，図6.1の縦軸はE/V vs SHEと表されている．直線で囲われた領域では，記載された化学種が安定に存在することを示している．

なおⓕは，式(6.30)で［Fe^{3+}］＝1 mol L^{-1}とすると，［OH^-］＝$10^{-12.9}$ mol L^{-1}，したがって，［H^+］＝$10^{-1.1}$ mol L^{-1}として算出できる．またⓖは，式(6.35)で［Fe^{2+}］＝1 mol L^{-1}とすると，［OH^-］＝$10^{-7.20}$ mol L^{-1}，したがって，［H^+］＝$10^{-6.80}$ mol L^{-1}として算出できる．

例題6.1

図6.1中のⓓおよびⓔに相当する電位を導出せよ．

解答

ⓓは，式(6.23)に式(6.30)と式(6.35)を代入して，

$$E = 0.771 + 0.0592 \log \frac{\dfrac{10^{-38.8}}{[\mathrm{OH^-}]^3}}{\dfrac{10^{-14.39}}{[\mathrm{OH^-}]^2}}$$

$$= 0.771 + 0.0592 \log \frac{10^{-24.41}}{[\mathrm{OH^-}]}$$

$$= 0.771 + 0.0592 \log (10^{-10.41}[\mathrm{H^+}])$$

$$= 0.15 - 0.0592\,\mathrm{pH}$$

ⓔは，式(6.24)に式(6.35)を代入して，

$$E = -0.44 + \frac{0.0592}{2} \log \frac{10^{-14.39}}{[\mathrm{OH^-}]^2}$$

$$= -0.44 + \frac{0.0592}{2} \log (10^{13.61}[\mathrm{H^+}]^2)$$

$$= -0.04 - 0.0592\,\mathrm{pH}$$

と導出される．

6.3.2 錯形成反応の影響

十分に高濃度のシアン化物イオンが存在すると，3 価および 2 価の鉄はいずれもヘキサシアノ鉄酸錯体となるが，このとき式(6.25)および式(6.26)の副反応係数は次のように表される.

$$\alpha_{Fe3+} = \beta_{6,Fe3+}[CN^-]^6 = 10^{31}[CN^-]^6 \tag{6.36}$$

$$\alpha_{Fe2+} = \beta_{6,Fe2+}[CN^-]^6 = 10^{24}[CN^-]^6 \tag{6.37}$$

ここで，$\beta_{6,Fe3+}$および$\beta_{6,Fe2+}$はそれぞれ，$[Fe(CN)_6]^{3-}$および $[Fe(CN)_6]^{4-}$の全生成定数を表す. これを式(6.27)に代入すると, 式(6.38)および式(6.39)のようになる.

$$E = (E^\circ)' + 0.0592 \log \frac{[Fe(CN)_6{}^{3-}]}{[Fe(CN)_6{}^{4-}]} \tag{6.38}$$

$$(E^\circ)' = 0.771 + 0.0592 \log \frac{\beta_{6,Fe2+}}{\beta_{6,Fe3+}}$$

$$= 0.36\ V \tag{6.39}$$

反応条件としての $[CN^-]$ は互いに打ち消し合うので，式(6.33)などがpHを含むのとは対照的に，この場合の $(E^\circ)'$は定数となり，この値は式(6.40)の半反応の標準酸化還元電位と見なすこともできる.

$$[Fe(CN)_6]^{3-} + e^- \rightleftharpoons [Fe(CN)_6]^{4-} \tag{6.40}$$

一般に，酸化体の方が酸解離，錯形成などの副反応を起こしやすいため，式(6.27)の第 2 項が負となり，その系の酸化力は低下する.

一方，1,10−フェナントロリン共存下では，いずれもトリス(1,10−フェナントロリン)鉄錯体となり，その半反応は，1,10−フェナントロリンをphenと表せば,

$$[Fe(phen)_3]^{3+} + e^- \rightleftharpoons [Fe(phen)_3]^{2+} \tag{6.41}$$

と表されるが，全生成定数は $[Fe(phen)_3]^{2+}$の方が $[Fe(phen)_3]^{3+}$より大きいために, $(E^\circ)'$=1.13 Vとなり，むしろ酸化力が強くなる.

6.3.3 沈殿生成反応の影響

式(6.42)で示すCu^{2+}/Cu^{+}系の電位(V)は式(6.43)で表され，その標準酸化還元電位は0.16 Vと比較的低い．

$$Cu^{2+} + e^{-} \rightleftharpoons Cu^{+} \tag{6.42}$$

$$E = 0.16 + 0.0592 \log \frac{[Cu^{2+}]}{[Cu^{+}]} \tag{6.43}$$

しかし，I^{-}共存下ではCu^{+}が式(6.44)に従って難溶性の沈殿を形成する．

$$K_{sp} = [Cu^{+}][I^{-}] = 10^{-12.0}\ \mathrm{mol^2\ L^{-2}} \tag{6.44}$$

このために，実際の半反応は式(6.45)のようになる．式(6.43)に式(6.44)を代入して得られる式(6.46)が示すように，酸化還元電位は0.87 Vまで上昇し，酸化力が著しく強まる．

$$Cu^{2+} + e^{-} + I^{-} \rightleftharpoons CuI(s) \tag{6.45}$$

$$E = 0.87 + 0.0592 \log ([Cu^{2+}]\ [I^{-}]) \tag{6.46}$$

バーチャル実験6.2では，この酸化力を利用して銅を定量している．

例題6.2

Ag/AgCl電極が，溶液中の塩化物イオンの濃度を反映した電位を発生する理由を述べよ．

解答

Ag^{+}/Ag系の酸化還元電位(V)は次のように表される．

$$E = 0.7991 + 0.0592 \log [Ag^{+}]$$

Agの表面をAgClで覆うと，沈殿生成反応が加わり，その電位(V)は次のように表される．

$$\begin{aligned} E &= 0.7991 + 0.0592 \log K_{sp} - 0.0592 \log [Cl^{-}] \\ &= 0.219 - 0.0592 \log [Cl^{-}] \end{aligned}$$

したがって，Ag/AgCl電極は溶液中の塩化物イオンの濃度を反映した電位を発生する．この電極は，**参照電極**（reference electrode）として電気化学分析で広く利用されている（『機器分析』電気分析化学を参照）．

6.3.4　溶媒としての水の影響

6.1節で水の酸化剤あるいは還元剤との反応は，平衡論的にも速度論的にも起こりにくいと述べた．実際の水の還元の半反応は式(6.47)，電位(V)は式(6.48)で表される．

$$2\,H^+ + 2\,e^- \rightleftharpoons H_2 \tag{6.9}$$

あるいは

$$2\,H_2O + 2\,e^- \rightleftharpoons H_2 + 2\,OH^- \tag{6.47}$$

$$\begin{aligned} E &= 0 + 0.0296 \log \frac{[H^+]^2}{P_{H2}} \\ &= -0.0592\,pH - 0.0296 \log P_{H2} \end{aligned} \tag{6.48}$$

一方，水の酸化の半反応は式(6.49)，電位(V)は式(6.50)で表される．

$$2\,H_2O - 4\,e^- \rightleftharpoons O_2 + 4\,H^+ \tag{6.49}$$

$$\begin{aligned} E &= 1.23 + 0.0148 \log (P_{O2}[H^+]^4) \\ &= 1.23 - 0.0592\,pH + 0.0148 \log P_{O2} \end{aligned} \tag{6.50}$$

ここで，P_{H2}およびP_{O2}はそれぞれ水素ガスおよび酸素ガスの分圧（標準圧101 325 Paにおいて）を示す．鉄の場合と同様にして，電位とpHの関係は**図6.2**のようになる（ただし，水素ガスおよび酸素ガスは標準状態とする）．2つの直線で挟まれた電位間でのみ，水が安定に存在でき（これを**電位の窓**（potential window）とよぶ），他の物質の酸化還元電位が測定可能ということになる．しかし，この範囲を逸脱した酸化力をもつ過マンガン酸イオンやセリウム(IV)の水溶液が安定に存在したり，この範囲を超えた還元力をもつ金属亜鉛が，希薄

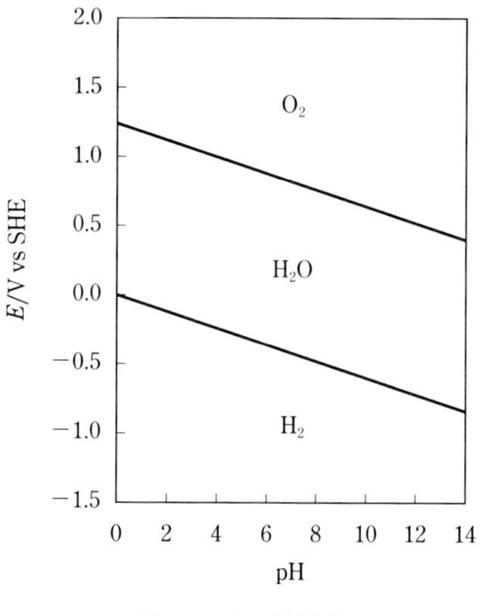

図6.2　水の状態図

な酸溶液中で反応することなく存在したりする．これは，水との間の酸化還元反応の速度が，きわめて遅いためである．

◎ 水以外の溶媒

3章で述べた酸塩基反応の場合と同様に，酸化還元反応にも非水溶媒が用いられることがある．支持電解質や電極の種類の影響を受けるが，例えば白金電極を用いる電位窓は，アセトニトリル中で−3.13 V〜+3.2 V，ニトロメタン中は−2.66 V〜4.20 Vのように，水溶液系よりも広いものが多い．

6.4　酸化還元平衡

式(6.1)で述べたFe^{2+}とCe^{4+}の間の**酸化還元平衡**を考える．

$$Ce^{4+} + Fe^{2+} \rightleftharpoons Ce^{3+} + Fe^{3+} \tag{6.1}$$

この反応に関与する半反応は，式(6.2)および式(6.3)で表され，それぞれに対するネルンストの式は，式(6.51)および式(6.52)で表される．

$$Ce^{4+} + e^- \rightleftharpoons Ce^{3+} \tag{6.2}$$

$$Fe^{3+} + e^- \rightleftharpoons Fe^{2+} \tag{6.3}$$

$$E_{Ce} = 1.72 + 0.0592 \log \frac{[Ce^{4+}]}{[Ce^{3+}]} \tag{6.51}$$

$$E_{Fe} = 0.771 + 0.0592 \log \frac{[Fe^{3+}]}{[Fe^{2+}]} \tag{6.52}$$

Fe^{2+}とCe^{4+}を混合すると，式(6.1)の反応が右に進んで，$E_{Ce}=E_{Fe}$という平衡状態に達する．したがって，

$$1.72 + 0.0592 \log \frac{[Ce^{4+}]}{[Ce^{3+}]} = 0.771 + 0.0592 \log \frac{[Fe^{3+}]}{[Fe^{2+}]}$$

となる．これを変形することにより，式(6.1)の反応の平衡定数Kは次のようになる．

$$\log \frac{[Fe^{3+}][Ce^{3+}]}{[Fe^{2+}][Ce^{4+}]} = \log K = \frac{1.72-0.771}{0.0592} = 16.0 \tag{6.53}$$

これまでに述べた，酸塩基・錯形成・沈殿生成反応では，対応する平衡定数から平衡を予測した．これに対して酸化還元反応の場合には，より一般的な情報としての標準酸化還元電位から，上記のようにして平衡定数を算出することができる．その定数を用いて溶液中の各化学種の濃度を算出するのは他の反応の場合と同様であるが，各対についての電位に遡ることで，計算の妥当性をチェックできる．

例題6.3

10^{-3} mol L^{-1}のFe^{2+}とCe^{4+}を反応させた場合の，平衡後の各化学種の濃度を算出せよ．

解答

反応しないで残るFe^{2+}とCe^{4+}の濃度は同じであるので，その濃度をx(mol L^{-1}) とすると，

$$10^{16.0} = \frac{(10^{-3}-x)^2}{x^2}$$

となり，$10^{-3} \gg x$と仮定すれば，

$$x = 10^{-11.0}\ \mathrm{mol\ L^{-1}}$$

が得られ，仮定が十分に成り立つとともに，式(6.1)の反応はほぼ完全に右に進むことがわかる．このとき，各酸化還元対の電位(V)は

$$E_{\mathrm{Ce}} = 1.72 + 0.0592 \log \frac{10^{-11.0}}{10^{-3}} = 1.25\ \mathrm{V}$$

$$E_{\mathrm{Fe}} = 0.771 + 0.0592 \log \frac{10^{-3}}{10^{-11.0}} = 1.25\ \mathrm{V}$$

となっている．セリウムでは酸化体の，鉄では還元体の濃度を減少させることで，1.25 Vになっていることがわかる．

例題6.4

10^{-3} mol $\mathrm{L^{-1}}$のFe^{2+}と0.5×10^{-3} mol $\mathrm{L^{-1}}$のCe^{4+}を反応させた場合の，平衡後の各化学種の濃度を算出せよ．

解答

反応しないで残るCe^{4+}をy(mol $\mathrm{L^{-1}}$）とすると，残るFe^{2+}の濃度は，もともと過剰であった分を加えて（$0.5 \times 10^{-3} + y$）(mol $\mathrm{L^{-1}}$）となり，生成するFe^{3+}とCe^{3+}は同量で($0.5 \times 10^{-3} - y$)(mol $\mathrm{L^{-1}}$)となる．これを式(6.51)に代入すると，

$$10^{16.0} = \frac{(0.5 \times 10^{-3} - y)^2}{(0.5 \times 10^{-3} + y)y}$$

となり，$0.5 \times 10^{-3} \gg y$と仮定すれば，0.5×10^{-3} mol $\mathrm{L^{-1}}$に対するyの加減は無視できるので，

$$y = 10^{-19.3}\ \mathrm{mol\ L^{-1}}$$

が得られる．これにより，仮定が十分に成り立つことを確認できる．このとき，各酸化還元対の電位(V)は

$$E_{\mathrm{Ce}} = 1.72 + 0.0592 \log \frac{10^{-19.3}}{0.5 \times 10^{-3}} = 0.77\ \mathrm{V}$$

$$E_{\mathrm{Fe}} = 0.771 + 0.0592 \log \frac{0.5 \times 10^{-3}}{0.5 \times 10^{-3}} = 0.77\ \mathrm{V}$$

となり，特にセリウムの酸化体の濃度を減少させることで，0.77 Vになっていることがわかる．

より一般的に，式(6.54)および式(6.55)で表される2組の酸化還元対Ox_1/Red_1とOx_2/Red_2（$E_2^\circ > E_1^\circ$とする）の間の酸化還元反応の反応式および平衡定数Kは式(6.56)および式(6.57)で与えられる．

$$\mathrm{Ox_1} + m\,\mathrm{e^-} \rightleftharpoons \mathrm{Red_1} \tag{6.54}$$

$$E_1 = E_1^\circ + \frac{0.0592}{m} \log \frac{[\mathrm{Ox_1}]}{[\mathrm{Red_1}]}$$

$$\mathrm{Ox_2} + n\,\mathrm{e^-} \rightleftharpoons \mathrm{Red_2} \tag{6.55}$$

$$E_2 = E_2^\circ + \frac{0.0592}{n} \log \frac{[\mathrm{Ox_2}]}{[\mathrm{Red_2}]}$$

$$n\,\mathrm{Red_1} + m\,\mathrm{Ox_2} \rightleftharpoons n\,\mathrm{Ox_1} + m\,\mathrm{Red_2} \tag{6.56}$$

$$\frac{mn(E_2^\circ - E_1^\circ)}{0.0592} = \log \frac{[\mathrm{Ox_1}]^n[\mathrm{Red_2}]^m}{[\mathrm{Red_1}]^n[\mathrm{Ox_2}]^m} = \log K \tag{6.57}$$

酸化還元反応の平衡定数は，2組の標準酸化還元電位（E_1°，E_2°）と関与する電子の数（m，n）から求めることができ，$E_2^\circ > E_1^\circ$であれば，$\log K > 0$，$K > 1$であり，反応は右に偏る．2.3節で述べたように，（$\mathrm{A + B \rightleftharpoons A' + B'}$）型の反応で反応物質を等しくなるように混ぜた場合に99.9 %以上が生成物質となるためには，$K \geq 10^6$であることが必要である．その条件を式(6.57)で一電子移動反応の場合（$m = n = 1$）に当てはめてみると，$\Delta E = E_2^\circ - E_1^\circ \geq 0.36$ Vとなり，これ以上の電位差があれば，反応は定量的に右に進行することがわかる．

6.5　酸化還元滴定

6.5.1　滴定曲線

図6.3に示すように濃度C_{Fe}の$\mathrm{Fe^{2+}}$溶液を$\mathrm{Ce^{4+}}$の濃度がC_{Ce}となるまで滴定した任意の点を考える．6.3節で述べたように，関与する反応，標準酸化還元電位(V)および平衡定数は次式で与えられる．

$$\mathrm{Ce^{4+} + Fe^{2+} \rightleftharpoons Ce^{3+} + Fe^{3+}} \tag{6.1}$$

$$\mathrm{Ce^{4+} + e^- \rightleftharpoons Ce^{3+}} \tag{6.2}$$

$$\mathrm{Fe^{3+} + e^- \rightleftharpoons Fe^{2+}} \tag{6.3}$$

$$E_{\mathrm{Ce}} = E_{\mathrm{Ce}}{}^{\circ} + 0.0592 \log \frac{[\mathrm{Ce^{4+}}]}{[\mathrm{Ce^{3+}}]},\ \ E_{\mathrm{Ce}}{}^{\circ} = 1.72\ \mathrm{V} \tag{6.51$'$}$$

$$E_{\mathrm{Fe}} = E_{\mathrm{Fe}}{}^{\circ} + 0.0592 \log \frac{[\mathrm{Fe^{3+}}]}{[\mathrm{Fe^{2+}}]},\ \ E_{\mathrm{Fe}}{}^{\circ} = 0.771\ \mathrm{V} \tag{6.52$'$}$$

$$K = \frac{[\mathrm{Fe^{3+}}][\mathrm{Ce^{3+}}]}{[\mathrm{Fe^{2+}}][\mathrm{Ce^{4+}}]} = 10^{16.0} \tag{6.53$'$}$$

また，それぞれの酸化還元対についての物質収支から，セリウムと鉄の総濃度について式(6.58)および式(6.59)が成り立つ．

$$C_{\mathrm{Ce}} = [\mathrm{Ce^{4+}}] + [\mathrm{Ce^{3+}}] \tag{6.58}$$

$$C_{\mathrm{Fe}} = [\mathrm{Fe^{3+}}] + [\mathrm{Fe^{2+}}] \tag{6.59}$$

$\mathrm{Fe^{2+}}$と$\mathrm{Ce^{4+}}$の反応によって，同じ物質量の$\mathrm{Fe^{3+}}$と$\mathrm{Ce^{3+}}$が生成するので，滴定中はいつも式(6.60)が成立する．

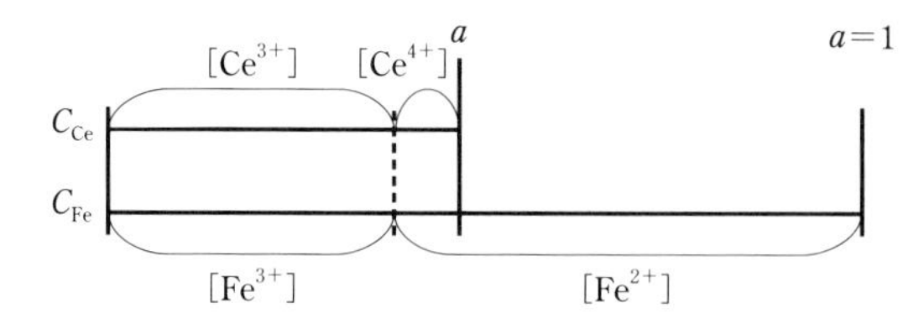

図6.3　$\mathrm{Fe^{2+}}$の$\mathrm{Ce^{4+}}$による滴定における量的な関係
実際には，当量点前の［$\mathrm{Ce^{4+}}$］は極めて小さい．

$$[Ce^{3+}] = [Fe^{3+}] \tag{6.60}$$

式(6.60)を式(6.53′)に代入すると次式が得られる.

$$[Ce^{4+}] = \frac{[Fe^{3+}]^2}{K[Fe^{2+}]}$$

このとき，滴定率aは式(6.61)で表される.

$$a = \frac{C_{Ce}}{C_{Fe}} = \frac{[Ce^{4+}]+[Ce^{3+}]}{[Fe^{3+}]+[Fe^{2+}]}$$

$$= \frac{\dfrac{[Fe^{3+}]^2}{K[Fe^{2+}]} + [Fe^{3+}]}{[Fe^{3+}]+[Fe^{2+}]}$$

$$= \frac{X}{(1+X)} + \frac{X^2}{K(1+X)} \tag{6.61}$$

ここで，$X=[Fe^{3+}]/[Fe^{2+}]$ である.

当量点までは$X \ll K$であり，式(6.61)の第２項は第１項に比べて十分に小さいので，次のように近似できる.

$$a = \frac{X}{1+X} \quad \text{あるいは} \quad X = \frac{a}{1-a}$$

したがって，式(6.52′)から電位E(V)は式(6.62)で表される.

$$E = E_{Fe}{}^{\circ} + 0.0592 \log X$$

$$= E_{Fe}{}^{\circ} + 0.0592 \log \frac{a}{1-a} \tag{6.62}$$

当量点付近では$X \gg 1$なので，$(1+1/X)^{-1} \approx 1-1/X$とすることができ，式(6.61)から

$$
\begin{aligned}
a &= \frac{1}{\frac{1}{X}+1} + \frac{X}{K} \times \frac{1}{\frac{1}{X}+1} \\
&\approx 1 - \frac{1}{X} + \frac{X}{K} \times \left(1 - \frac{1}{X}\right) \\
&\approx 1 - \frac{1}{X} + \frac{X}{K} \qquad (6.63)
\end{aligned}
$$

が成立する．当量点では，式(6.63)に $a = 1$ を代入して得られる式(6.64)の関係が成立し，その電位(V)は式(6.65)で表される．

$$
X = \sqrt{K} \qquad (6.64)
$$

$$
\begin{aligned}
E &= E_{\mathrm{Fe}}{}^{\circ} + 0.0592 \log \sqrt{K} \\
&= E_{\mathrm{Fe}}{}^{\circ} + \frac{0.0592}{2} \times \frac{E_{\mathrm{Ce}}{}^{\circ} - E_{\mathrm{Fe}}{}^{\circ}}{0.0592} \\
&= \frac{E_{\mathrm{Ce}}{}^{\circ} + E_{\mathrm{Fe}}{}^{\circ}}{2} = \frac{0.771 + 1.72}{2} = 1.245\ \mathrm{V} \qquad (6.65)
\end{aligned}
$$

当量点をある程度過ぎると，式(6.63)の第2項が無視できるほど小さくなるので，式(6.66)のように近似することができ，その電位(V)は式(6.67)で表される．

$$
\begin{aligned}
a &= 1 + \frac{X}{K} \\
X &= K(a-1) \qquad (6.66)
\end{aligned}
$$

$$
\begin{aligned}
E &= E_{\mathrm{Fe}}{}^{\circ} + 0.0592 \log \{K(a-1)\} \\
&= E_{\mathrm{Fe}}{}^{\circ} + \frac{0.0592(E_{\mathrm{Ce}}{}^{\circ} - E_{\mathrm{Fe}}{}^{\circ})}{0.0592} + 0.0592 \log (a-1) \\
&= E_{\mathrm{Ce}}{}^{\circ} + 0.0592 \log (a-1) \qquad (6.67)
\end{aligned}
$$

式(6.62)，式(6.65)および式(6.67)を用いて，滴定中の電位の変化を予測することができる（**図6.4**）．酸化還元滴定の滴定曲線は，図6.4のように電位 E と滴定率 a の関係として表現される．当量点付近では式(6.63)が成り立つので，電位 E と $\log X$ が比例関係にあることを考え合わせると，この滴定曲線の変曲点は当量点と一致することがわかる．

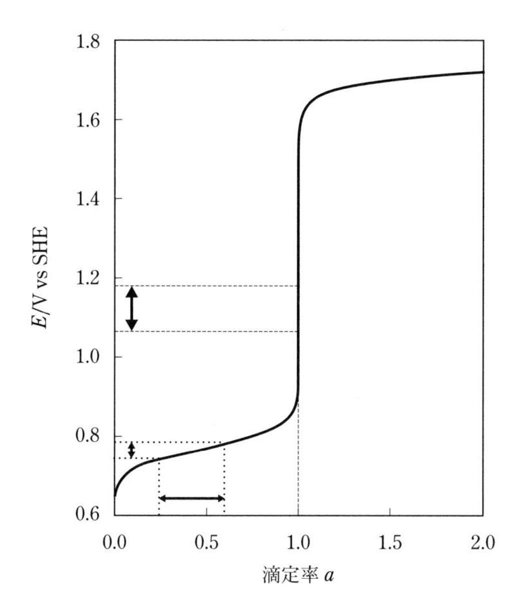

図6.4　Fe^{2+}のCe^{4+}による酸化還元滴定の滴定曲線
指示薬の変色域（6.5.2項で解説），破線：トリス(1,10-フェナントロリン)鉄(II)錯体，点線：ジフェニルアミン．

6.5.2　終点指示法

酸化還元滴定で，試料溶液中に白金電極と参照電極を浸してその電位を読みとれば，図6.4のような曲線を得ることができる（『機器分析』電気分析化学を参照）．単位滴下体積あたりの電位の飛躍がもっとも大きい滴下体積を読みとることによって，終点を決定することができる．ただし，定量に用いる反応式には現れない化学種が滴定の途中で生成する場合には，反応式から予測される電位と必ずしも一致しない場合がある．例えばバーチャル実験6.1で述べる$KMnO_4$がかかわる滴定では，途中でMn(VI)，Mn(IV)，Mn(III)なども生成するので，Mn(VII/II)だけから予測される電位とあわない．

より簡便には，**酸化還元指示薬**（redox indicator）を用いる目視法が適している．式(6.68)で示すような指示薬が起こす酸化還元反応を，酸化体(I_{Ox})と還元体(I_{Red})の色差で判定する．

$$I_{Ox} + n\,e^- = I_{Red} \quad （指示薬の電荷省略） \tag{6.68}$$

一般に指示薬の変色を目視で認識できるのは式(6.69)で示される範囲であり，これに対応する電位の範囲は式(6.70)で表される.

$$\frac{1}{10} < \frac{[\mathrm{I_{Ox}}]}{[\mathrm{I_{Red}}]} < \frac{10}{1} \tag{6.69}$$

$$E^\circ - \frac{0.0592}{n} < E < E^\circ + \frac{0.0592}{n} \tag{6.70}$$

終点を正しく決定するためには，当量点の電位付近で変色する酸化還元指示薬を用いる必要がある．図6.4で示すFe^{2+}のCe^{4+}による滴定でジフェニルアミンを指示薬に用いると，当量点よりはるか前の0.76 V ± 0.02 Vで変色してしまう．一方，トリス(1,10-フェナントロリン)鉄(II)錯体を用いると1.12 V ± 0.06 Vと当量点に近い電位で変色する.

このほかに，バーチャル実験6.1のように滴定剤である過マンガン酸カリウム自体による呈色を利用したり，バーチャル実験6.2のようにヨウ素-デンプン反応を利用したりする場合もある.

6.5.3　前処理としての酸化還元反応

酸化還元滴定を行うに先立って，目的成分を酸化あるいは還元して，一定の酸化状態に揃える作業を行うことがある．例えば，Fe^{3+}とFe^{2+}を含む試料について，それぞれを定量（化学種別分析）する場合には，酸化剤を用いてFe^{2+}を，還元剤を用いてFe^{3+}を滴定することが可能である．しかし，前処理を組み合わせることで，一方の滴定法だけで済ませることも可能である．バーチャル実験6.1のように，この試料溶液を亜鉛アマルガムを充填したカラム（**ジョーンズ還元器**）に通すと，Fe^{3+}がFe^{2+}に還元される．過剰の亜鉛アマルガムを除いた後に，この溶液を酸化剤で滴定すれば，鉄の総量（$[Fe^{3+}]+[Fe^{2+}]$）を求めることができる．前処理を行うことなく滴定すれば，$[Fe^{2+}]$ がわかるので，その差から $[Fe^{3+}]$ の量も知ることができる.

このような方法を用いる場合には，試料の酸化状態を揃えるに十分な酸化力あるいは還元力を有する試薬を過剰に加えること，反応後にその過剰分を除去できることが必要である.

例題6.5

溶存酸素の定量法（**ウィンクラー法**）の原理について述べよ.

解答

pH 9 以上の条件で Mn(II) と酸素を次式に従って反応させる.

$$2\,\mathrm{Mn(II)} + \mathrm{O_2} + 4\,\mathrm{OH^-} \rightleftharpoons 2\,\mathrm{MnO_2(s)} + 2\,\mathrm{H_2O}$$

続いて，次式に従って，この試料溶液を酸性としてヨウ化物イオンと反応させる.

$$\mathrm{MnO_2(s)} + 4\,\mathrm{H^+} + 2\,\mathrm{I^-} \rightleftharpoons \mathrm{I_2} + \mathrm{Mn(II)} + 2\,\mathrm{H_2O}$$

この反応によって生成したヨウ素を，次式に従ってチオ硫酸イオンで定量する.

$$\mathrm{I_2} + 2\,\mathrm{S_2O_3^{2-}} \rightleftharpoons 2\,\mathrm{I^-} + \mathrm{S_4O_6^{2-}}$$

全体でみると，酸素をマンガンの酸化数変化に置き換え，それをヨウ素に置き換えて，最後にチオ硫酸イオンで滴定していることになる．この酸素を直接にヨウ化物イオンやチオ硫酸イオンで滴定することはできないが，以下に示すように標準酸化還元電位が溶液の pH によって変化することを巧妙に利用することで，定量を可能としている.

	$E°$/V		ΔE/V
	酸性	アルカリ性	
O_2/H_2O	1.23	0.40	0.73
$MnO_2/Mn(II)$	1.23	−0.33(pH 13)	0.61
I_2/I^-	0.62		0.55
$S_2O_3^{2-}/S_4O_6^{2-}$	0.07		

例題6.6

水分の定量法（**カール・フィッシャー法**）の原理について述べよ.

解答

アルコール（ROH）などの非水溶媒中，二酸化イオウと有機塩基（B）共存下で，水はヨウ素によって次のように酸化される．

$$I_2 + SO_2 + 3\,B + H_2O + ROH \rightleftharpoons 2\,(BH^+, I^-) + (BH^+, ROSO_3^-)$$

1 molの水に対し，1 molのヨウ素が消費されることを利用して定量を行う．現在では，密閉した滴定セルの中で，電気分解によってヨウ素を発生させ，その存在を電気化学的に高感度検出する自動滴定装置が用いられる．

バーチャル実験6.1

過マンガン酸カリウム溶液の標定とFe（Ⅱ／Ⅲ）の化学種別分析

酸化剤として利用する過マンガン酸カリウム溶液は安定ではないので，次のようにして標定した．1次標準物質であるシュウ酸ナトリウム（$Na_2C_2O_4$，モル質量：134.00 g mol^{-1}）0.3407 gをはかり取り，水に溶解して250 mLの標準液とした．この標準液の濃度は次の通りである．

$$\frac{0.3407}{134.00} \times \frac{1000}{250} = 1.0170 \times 10^{-2}\ \mathrm{mol\ L^{-1}}$$

その10 mLを三角フラスコにとり，硫酸酸性として70 ℃で過マンガン酸カリウム溶液を用いて滴定し，溶液の紫色が残るところを終点として判定した結果，滴定値は10.04 mL，10.05 mL, 10.06 mLであった．この標定に用いる反応式は次の通りである．

$$2\,KMnO_4 + 5\,Na_2C_2O_4 + 8\,H_2SO_4 \rightleftharpoons 2\,MnSO_4 + K_2SO_4 + 5\,Na_2SO_4 + 10\,CO_2 + 8\,H_2O$$

反応比は2：5なので過マンガン酸カリウム溶液の正確な濃度Xは次の通りであった．

$$X = \frac{1.0170 \times 10^{-2} \times 2 \times 10.00}{5 \times 10.05} = 4.048 \times 10^{-3}\ \mathrm{mol\ L^{-1}}$$

次に，Fe(II/III)を含む試料溶液50 mLをこの過マンガン酸カリウム溶液で滴定し，溶液の色に赤味が加わった点を終点として判定したところ，滴定値は1.87 mL，1.89 mL，1.90 mLであった．この反応の反応式は次の通りである．

$$2KMnO_4 + 10FeSO_4 + 8H_2SO_4 \rightleftharpoons 2MnSO_4 + K_2SO_4 + 5Fe_2(SO_4)_3 + 8H_2O$$

反応比は1：5なのでFe(II)の濃度Yは次のように決定できた．

$$Y = 4.048 \times 10^{-3} \times 5 \times \frac{1.89}{50.00} = 0.765 \times 10^{-3}\ \mathrm{mol\ L^{-1}}$$

一方，同体積の試料溶液をジョーンズ還元器に通し，すべての鉄をFe(II)としたのちに硫酸溶液で十分に流し出して同様に滴定したところ，滴定値は9.87 mL，9.89 mL，9.90 mLであった．これによりFe(II)およびFe(III)の合計の濃度Zは次の通りであった．

$$Z = 4.048 \times 10^{-3} \times 5 \times \frac{9.89}{50.00} = 4.003 \times 10^{-3}\ \mathrm{mol\ L^{-1}}$$

したがって，Fe(III)の濃度は$3.238 \times 10^{-3}\ \mathrm{mol\ L^{-1}}$となった．

バーチャル実験6.2

チオ硫酸ナトリウム溶液の標定と銅合金中の銅の定量

還元剤として利用するチオ硫酸ナトリウム溶液は安定ではないので，次のようにして標定した．1次標準物質であるヨウ素酸カリウム（KIO_3，モル質量：214.00 g mol^{-1}）0.1801 gをはかり取り，100 mLに希釈して標準液とした．この標準液の濃度は次の通りである．

$$\frac{0.1801}{214.00} \times \frac{1000}{100} = 8.416 \times 10^{-3}\ \mathrm{mol\ L^{-1}}$$

その10 mLを三角フラスコとり，塩酸酸性でヨウ化カリウムを加えることで，次の反応によって三ヨウ化物イオン[*2]を発生させた．

$$IO_3^- + 8\,I^- + 6\,H^+ \rightleftharpoons 3\,I_3^- + 3\,H_2O$$

ヨウ素が散逸しないようにして，この溶液をチオ硫酸ナトリウム溶液[*3]で速やかに滴定し，ヨウ素による着色が薄くなってきた時点でデンプンを加えたところ，**ヨウ素–デンプン反応**によって溶液は紫に着色した．引き続き滴定を行い，着色の消えるところを終点として判定した結果，滴定値は24.88 mL，24.90 mL，24.92 mLであった．この滴定で用いた反応は次の通りである．

$$I_3^- + 2\,S_2O_3^{2-} \rightleftharpoons 3\,I^- + S_4O_6^{2-}$$

ヨウ素の発生を含めた全体の反応は次のように表されるので，反応比は1：6となる．

$$IO_3^- + 6\,S_2O_3^{2-} + 6\,H^+ \rightleftharpoons I^- + 3\,S_4O_6^{2-} + 3\,H_2O$$

したがって，チオ硫酸ナトリウム溶液の濃度Xは次の通りであった．

$$X = \frac{8.416 \times 10^{-3} \times 6 \times 10.00}{24.90} = 2.028 \times 10^{-2}\ \mathrm{mol\ L^{-1}}$$

次に，バーチャル実験4.1の試料溶液10 mLを三角フラスコにとり，弱酸性にしてヨウ化カリウムを加えて次の反応により，当量のヨウ素を発生させた．

$$2\,Cu^{2+} + 5\,I^- \rightleftharpoons 2\,CuI\,(s) + I_3^-$$

この溶液を上記のチオ硫酸ナトリウム標準液で滴定し，溶液の色が薄くなったところで，チオシアン酸カリウム溶液を加えてしばらく待つことに

[*2] ヨウ素の散逸を抑えるために過剰にヨウ化物イオンを加えて三ヨウ化物イオンとしてあるが，実質的にはヨウ素である．

[*3] 大気中の炭酸ガスによって起こる分解（$S_2O_3^{2-} + H^+ \rightleftharpoons HSO_3^- + S$）を防ぐために，$Na_2CO_3$を0.1 %となるように加えてある．

よりCuI の沈殿の表面をより難溶性のCuSCNに置換しながら，沈殿に吸着していたI_3^-を溶液中に遊離させた．デンプンを加えてを引き続き滴定を行い，溶液の色がなくなるところを終点として判定した結果，滴定値は6.98 mL，6.99 mL，6.99 mLであった．全体の反応は次のように表されるので，反応比は1：1となる．

$$2\,Cu^{2+} + 2\,S_2O_3^{2-} + 2\,I^- \rightleftharpoons 2\,CuI\,(s) + S_4O_6^{2-}$$

したがって，Cu(II)の濃度Yは

$$Y = \frac{2.028 \times 10^{-2} \times 6.99}{10.00} = 1.418 \times 10^{-2}\ \mathrm{mol\ L^{-1}}$$

となった．この結果は，キレート滴定の結果1.413×10^{-2} mol L^{-1}とよく一致しており，**妥当性確認（バリデーション**，validation）あるいはクロスチェックをすることができた．

第7章　溶媒抽出平衡と溶媒抽出法

水および水と混じり合わない有機溶媒（一般的には2つの溶媒）で構成される場と化学反応を組み合わせることにより，物質を水から有機溶媒中へ移動させる**溶媒抽出法**（solvent-extraction method）に関する平衡論的な取り扱いを学ぶ．また，これを利用して物質を分離する原理を理解する．

7.1　二相間での中性分子の分配

水とベンゼンを1つの容器に入れて激しく振とうしても，しばらく静置すると2つの層に分離する．25 ℃では，上層（**有機相**，organic phase）の組成はベンゼン：水＝99.94：0.06であるのに対して，下層（**水相**，aqueous phase）の組成は水：ベンゼン＝99.02：0.18である．2つの溶媒が相互に溶解する量は少なく，水とベンゼンがその性質をほとんど維持したまま存在していると考えることができる．このような系のいずれかの相に第3の成分として微量の中性の分子を溶かして振とうすると，その一部が他の相に移動し（**分配**，paritition），いずれの相に加えたかによらず，同じ状態に達する．このような**分配平衡**（partition equilibrium）が成立すると，物質の有機相中の濃度C_{org}と水相中の濃度C_{aq}の比を示す**分配比**（partition ratio, distribution ratio, Dで表す）は，加えた物質の量に依存することなく一定となる（熱力学的な根拠は他書を参照してほしい）．

$$D = \frac{C_{\mathrm{org}}}{C_{\mathrm{aq}}} = K_{\mathrm{D}} \tag{7.1}$$

この分配に関する平衡定数K_{D}を，その物質の**分配定数**（partition coefficient, distribution constant）という．

例えば，ある物質の1-オクタノールと水との間の分配定数の対数値は$\log P$値と呼ばれ，分子量や融点などと同様に重要な物性値であり，化学物質を登録しているChemical Abstracts（アメリカ化学会）のSubstanceデータベースにも必ず記載されている．ここで1-オクタノールは生体のモデルとして選ばれており，この数値が大きいほど生体内に取り込まれやすいことを意味する．

例題7.1

分配定数が3である物質を0.1 mol L^{-1}となるように1 Lの有機溶媒に溶かし，同体積の水相と振とうした．平衡後のそれぞれの相中の濃度を算出せよ．また，水相の体積が2 Lの場合はどうなるか？

解答

水相中の濃度をC_{aq} (mol L^{-1}) とすると，有機相中の濃度$C_{org} = 3 \times C_{aq}$となる．

水相の体積が1 Lの場合，物質収支は次式で表される．

$$0.1\ \text{mol L}^{-1} \times 1\ \text{L} = (C_{aq} + C_{org})(\text{mol L}^{-1}) \times 1\ \text{L}$$

上記の濃度の関係を代入すると，$4 \times C_{aq} = 0.1$ mol L^{-1}となり，

$$C_{aq} = 0.025\ \text{mol L}^{-1},\quad C_{org} = 0.075\ \text{mol L}^{-1}$$

となる．

水相の体積が2 Lの場合，物質収支は次式で表される．

$$0.1\ \text{mol L}^{-1} \times 1\ \text{L} = C_{aq}(\text{mol L}^{-1}) \times 2\ \text{L} + C_{org}(\text{mol L}^{-1}) \times 1\ \text{L}$$

同様にすると，$5 \times C_{aq} = 0.1$ mol L^{-1}となり，

$$C_{aq} = 0.02\ \text{mol L}^{-1},\quad C_{org} = 0.06\ \text{mol L}^{-1}$$

となる．

前者では物質全体の25 %が，後者では40 %が水相に分配されており，物質量の比は体積の影響を受けることがわかる．以下では，両相の体積が同じ場合を考える．

例題7.2

分配定数が10^5の物質を0.1 mol L^{-1}となるように1 Lの有機溶媒に溶か

し，同体積の水相と振とうした．平衡後のそれぞれの相中の濃度を求めよ．

解答

水相中の濃度を C_{aq}（$\mathrm{mol\ L^{-1}}$）とすると，有機相中の濃度 $C_{org} = 10^5 \times C_{aq}$ となる．両相の体積は同じなので，次の関係が成立する．

$$0.1\ \mathrm{mol\ L^{-1}} = C_{aq} + C_{org} = 100\,001 \times C_{aq}$$

その結果，

$$C_{aq} = 0.000\,001\ \mathrm{mol\ L^{-1}},\quad C_{org} = 0.099\,999\ \mathrm{mol\ L^{-1}}$$

となる．このような系では，各相に分配した量を百分率で表現するより，分配比として表すのが効果的である．なお，この例題のように当該の分子が水相中でも有機相中でも他の反応に関与しない場合は，分配比は分配定数と一致するが，一般的には条件によって変化する値である．

分配定数がわずかしか違わない2つの物質の混合物を二相間で分配させても，各相中で2つの物質の濃度はあまり変わらないが，新しい水相と有機相を用いて分配の操作を繰り返すと，徐々に分離することができる．ある種のクロマトグラフィーはこのような原理に基づいた手法である（『機器分析』クロマトグラフィーを参照）．

7.2　溶媒抽出

イオンで構成された電解質は水には溶解するが，通常の有機溶媒には溶解しない．したがって，水相に溶解したイオン性物質は，そのままでは有機溶媒に分配しない．しかし，適切な試薬（**抽出試薬**，extracting reagent）との化学反応を組み合わせることで**溶媒抽出平衡**（solvent-extraction equilibrium）を成立させ，水相中のイオン性成分を有機相に移動させることができる（**溶媒抽出**，solvent extraction）．2つの相は，例えば**分液ロート**（**図7.1**）のような器具を用い，振とうすることで相互に接触させ，静置後に容易に物理的に分離することができるので，これを利用して化学的な分離を行うことができる（**溶媒抽出**

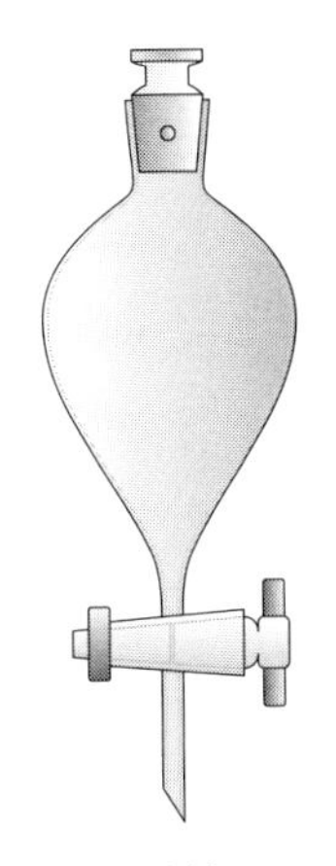

図7.1　分液ロート

分離法）．溶媒抽出は，抽出試薬がどちらの相に溶解しやすいかで以下のように分類できる．

イオン対抽出（ion-pair extraction）：脂溶性が比較的低い塩を抽出試薬として試料の水溶液に加えて，目的イオンを含むイオン対として有機溶媒に抽出する．

液液イオン交換（liquid-liquid ion-exchange）・**キレート抽出**（chelate extraction）：脂溶性が比較的高い塩あるいは解離可能な水素をもつ分子を抽出試薬として有機相に加えて，目的イオンをイオン対あるいは錯体として有機相に抽出する．

抽出溶媒としては**表7.1**のようなものがある．この中で，ベンゼンやハロゲン系の有機溶媒は発がん性などの理由で使用の自粛が求められている．現在では，第2の相として**イオン液体**（ionic liquid）や**超臨界流体**（supercritical fluid）を利用したり，微量の有機溶媒を含浸させた膜や固体の表面に擬似的な有機溶媒を固定した媒体などを用いたりする手法が研究・開発されている．さらに，温度やpHの変化などの外部刺激を受けることによって相分離が誘発される現象を利用した濃縮法なども報告されている．

表7.1　抽出溶媒の例

溶媒	密度（25 ℃）（g cm^{-3}）	比誘電率（25 ℃）	水への溶解度（25 ℃），質量分率（%）	水の溶解度（25 ℃），質量分率（%）
ヘキサン	0.6548	1.88	1.23×10^{-3}*1	1.11×10^{-2}
シクロヘキサン	0.7739	2.02	1×10^{-2}	5.5×10^{-3}
ベンゼン	0.8736	2.27	1.79×10^{-1}	6.35×10^{-2}
トルエン	0.8622	2.38	5.15×10^{-2}	5.0×10^{-2}
クロロベンゼン	1.1009	5.62	4.88×10^{-2}*2	3.27×10^{-2}
ニトロベンゼン	1.1983	34.78	1.9×10^{-1}*1	2.4×10^{-1}*1
クロロホルム	1.4797	4.81*1	8.15×10^{-1}*1	9.3×10^{-2}
四塩化炭素	1.5844	2.23	7.7×10^{-2}	1.35×10^{-2}*2
1, 2-ジクロロエタン	1.2464	10.37	8.1×10^{-1}*1	1.87×10^{-1}
ジエチルエーテル	0.7078	4.20	6.04	1.47
MIBK	0.7963	13.11*1	1.7	1.9
酢酸エチル	0.8946	6.02	8.08	2.94
酢酸ブチル	0.8764	5.01*1	6.8×10^{-1}*1	1.2*1
1-ブタノール	0.8058	17.51	7.45	2.05×10
1-オクタノール	0.8216	10.34*1	5.38×10^{-2}	4.99
水	0.9970	78.36	—	—

MIBK：4-メチル-2-ペンタノン，*1：20 ℃，*2：30 ℃.
［日本分析化学会(編)，第六版　分析化学便覧，丸善出版(2011)，pp.679-680］

7.3　イオン対抽出

目的の陽イオンC^+を含む溶液に抽出試薬としてA^-を含む塩を加えて有機溶媒と振とうすると，次式に従って$(C^+, A^-)_o$として有機相に抽出される.

$$C^+ + A^- \rightleftharpoons (C^+, A^-)_o \tag{7.2}$$

ここで，添え字のoは有機相の化学種であることを示す．$(C^+, A^-)_o$では，C^+の電荷がA^-によって中和されるとともに，A^-のために全体としての脂溶性が高まるために，有機相に分配しやすくなっている．この反応に対する平衡定数は次式で表され，**抽出定数**（extraction constant）という.

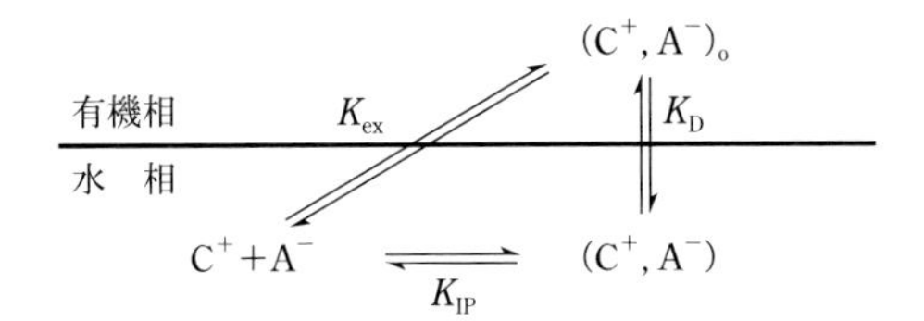

図7.2　イオン対抽出を構成する過程

$$K_{ex} = \frac{[C^+, A^-]_o}{[C^+][A^-]} \tag{7.3}$$

この反応全体は，式(7.4)および式(7.5)で示す過程に分けて考えることができる（**図7.2**）.

水溶液中でのイオン対生成　$C^+ + A^- \rightleftharpoons (C^+, A^-)$　(7.4)

イオン対の有機相への分配　$(C^+, A^-) \rightleftharpoons (C^+, A^-)_o$　(7.5)

これらにかかわる平衡定数は式(7.6)および式(7.7)のように表される.

イオン対生成定数　$$K_{IP} = \frac{[C^+, A^-]}{[C^+][A^-]} \tag{7.6}$$

イオン対分配定数　$$K_D = \frac{[C^+, A^-]_o}{[C^+, A^-]} \tag{7.7}$$

イオン対の抽出定数K_{ex}と素反応の各平衡定数の間には次のような関係がある.

$$K_{ex} = K_{IP} \times K_D \tag{7.8}$$

このとき，有機相および水相中におけるC^+の濃度（C_{org}およびC_{aq}）は，それぞれ次式で与えられる.

$$C_{org} = [C^+, A^-]_o \tag{7.9}$$
$$C_{aq} = [C^+] + [C^+, A^-] \tag{7.10}$$

両相の体積が同じ場合には，C^+に関する分配比$D_{C+} = C_{org}/C_{aq}$は次式で示される.

$$D_{C+} = \frac{[C^+, A^-]_o}{[C^+] + [C^+, A^-]} \tag{7.11}$$

式(7.3)および式(7.6)を用いると，式(7.11′)のように書き直せる.

$$\begin{aligned} D_{C+} &= \frac{[C^+, A^-]_o}{[C^+](1 + K_{IP}[A^-])} \\ &= K_{ex} \times \frac{[A^-]}{1 + K_{IP}[A^-]} \end{aligned} \tag{7.11′}$$

例えば,

(a) $K_{ex} = 10^4\ \mathrm{mol^{-1}\ L}$, $K_{IP} = 10^2\ \mathrm{mol^{-1}\ L}$, $K_D = 10^2$

(b) $K_{ex} = 10^3\ \mathrm{mol^{-1}\ L}$, $K_{IP} = 10^0\ \mathrm{mol^{-1}\ L}$, $K_D = 10^3$

(c) $K_{ex} = 10^2\ \mathrm{mol^{-1}\ L}$, $K_{IP} = 10^1\ \mathrm{mol^{-1}\ L}$, $K_D = 10^1$

の場合について，$\log D_{C+}$と$\log[A^-]$との関係を**図7.3**に示す．一般に，$[A^-]$が小さく水相中でイオン対が生成していない条件（$K_{IP}[A^-] \ll 1$）では，D_{C+}は$[A^-]$に比例する（対数で示した図7.3では傾き1の直線部分）．この領域ではK_{ex}が大きいほどD_{C+}は大きい．一方，$[A^-]$が大きく水相中でのイオン

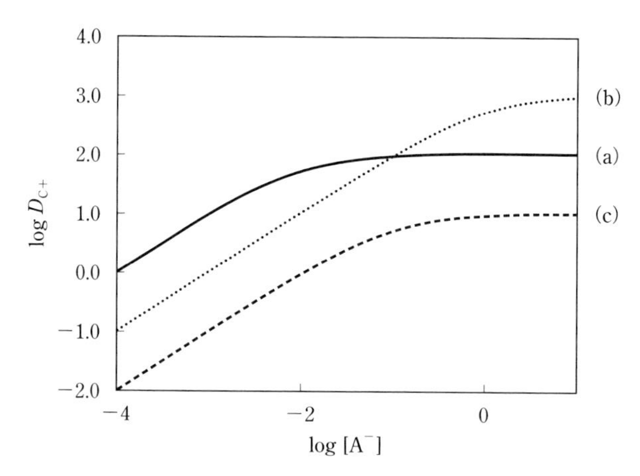

図7.3　イオン対抽出における分配比と抽出試薬濃度との関係
(a) $K_{ex} = 10^4\ \mathrm{mol^{-1}\ L}$, $K_{IP} = 10^2\ \mathrm{mol^{-1}\ L}$, $K_D = 10^2$,
(b) $K_{ex} = 10^3\ \mathrm{mol^{-1}\ L}$, $K_{IP} = 10^0\ \mathrm{mol^{-1}\ L}$, $K_D = 10^3$,
(c) $K_{ex} = 10^2\ \mathrm{mol^{-1}\ L}$, $K_{IP} = 10^1\ \mathrm{mol^{-1}\ L}$, $K_D = 10^1$.

対生成が右辺に偏る条件（$K_{IP}[A^-] \gg 1$）では，D_{C+}はK_Dと一致して一定であり（図7.3中では傾き0の直線部分），K_Dが大きい系ほどD_{C+}は大きい．これら傾き1と0の2つの直線部分の交点に対応する横軸は$-\log K_{IP}$となる．

水相中でのイオン対生成が無視できる場合には，あらかじめ存在したC^+の濃度C_{C+}は次式で表される．

$$\begin{aligned} C_{C+} &= C_{org} + C_{aq} \\ &= [C^+] + [C^+, A^-]_o \\ &= [C^+](1 + K_{ex} \times [A^-]) \end{aligned} \tag{7.12}$$

C^+の**抽出率**（relative extraction）E_{C+}は，式(7.3)と式(7.12)を用いて，式(7.13)で示される．

$$\begin{aligned} E_{C+} &= \frac{[C^+, A^-]_o}{C_{C+}} \\ &= K_{ex} \times \frac{[A^-]}{1 + K_{ex} \times [A^-]} \end{aligned} \tag{7.13}$$

$K_{ex} = 10^3\ \mathrm{mol^{-1}\ L}$および$10^2\ \mathrm{mol^{-1}\ L}$の場合について，$\log[A^-]$に対する抽出率

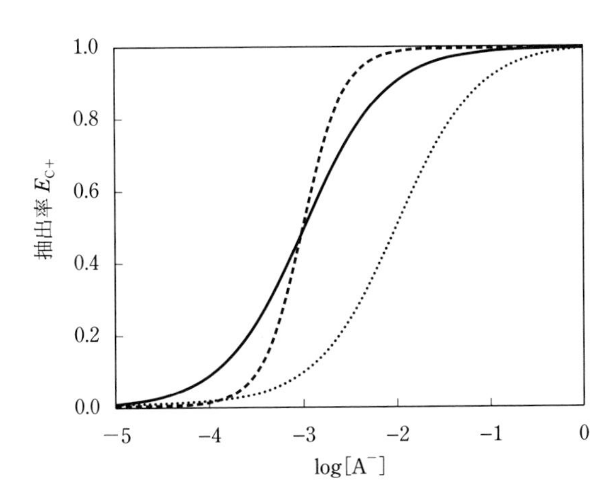

図7.4　イオン対抽出における抽出率と抽出試薬濃度との関係
実線：C^+，$K_{ex} = 10^3\ \mathrm{mol^{-1}\ L}$，点線：$C^+$，$K_{ex} = 10^2\ \mathrm{mol^{-1}\ L}$，破線（例題7.3参照）：$C^{2+}$，$K_{ex,2+} = 10^6\ \mathrm{mol^{-2}\ L^2}$．

E_{C+}の変化を**図7.4**に示す．このような図を**抽出曲線**（extraction curve）とよぶ．$[A^-]=1/K_{ex}$で抽出率は0.5となっている．イオン対の抽出定数が減少すると，抽出曲線は形状を保ったまま，高い濃度側へ平行移動する．

例題7.3

2価の陽イオン C^{2+}のA^-によるイオン対抽出における抽出率と試薬濃度との関係を導き，$K_{ex,2+}=10^6\ mol^{-2}\ L^2$の場合についての抽出曲線を示せ．

解答

溶媒抽出平衡およびイオン対の抽出定数は式(7.14)および式(7.15)で表される．

$$C^{2+} + 2\,A^- \rightleftharpoons (C^{2+}, (A^-)_2)_o \tag{7.14}$$

$$K_{ex,2+} = \frac{[C^{2+}, (A^-)_2]_o}{[C^{2+}][A^-]^2} \tag{7.15}$$

水相中でのイオン対生成が無視できる場合には，C^{2+}の総濃度C_{C2+}は，

$$C_{C2+} = [C^{2+}] + [C^{2+}, (A^-)_2]_o$$

となるので，式(7.15)を用いてC^{2+}の抽出率E_{C2+}は式(7.16)で表される．

$$\begin{aligned} E_{C2+} &= \frac{[C^{2+}, (A^-)_2]_o}{C_{C2+}} \\ &= K_{ex,2+} \times \frac{[A^-]^2}{1+K_{ex,2+}\times[A^-]^2} \end{aligned} \tag{7.16}$$

$K_{ex,2+}=10^6\ mol^{-2}\ L^2$の場合についての抽出曲線を図7.4（図中の破線）に示す．1価のイオンの場合に比べて$\log[A^-]$に対する抽出率E_{C2+}の変化は急である．電荷の異なるイオンの抽出曲線は途中で交差する場合もあり，ある条件での抽出率の大小だけから抽出しやすさを議論することはできない．

一般に，水溶液中でのイオン対生成定数は反応系によって大きくは変わらないのに対して，その分配定数は著しく異なる．イオン対全体として電荷は中和しているが，構成成分のイオンが強く水和していると有機相には

分配されにくいため，イオン対としての抽出性は低い．したがって，目的イオンとしては，電荷が小さく，サイズが大きいものが適している．抽出試薬として，陽イオンの場合にはピクリン酸イオン，テトラフェニルホウ酸イオン，過塩素酸イオンなどの塩が，陰イオンの場合にはドデシルトリメチルアンモニウムイオン，テトラフェニルアルソニウムイオン，ゼフィラミンなどの塩が用いられる（**図7.5**）．抽出溶媒には，ニトロベンゼンやメチルイソブチルケトンのように誘電率の高いものが適している（**図7.6**）．

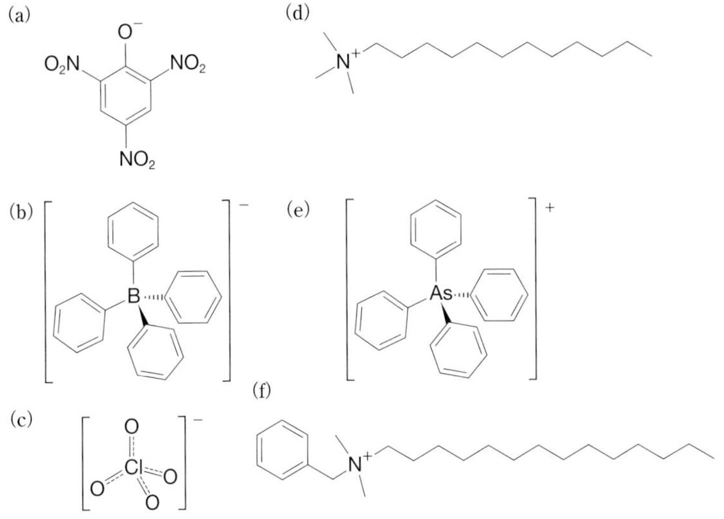

図7.5　イオン対抽出に用いる脂溶性抽出試薬の構造
陰イオン：(a)ピクリン酸イオン，(b)テトラフェニルホウ酸イオン，(c)過塩素酸イオン．
陽イオン：(d)ドデシルトリメチルアンモニウムイオン，(e)テトラフェニルアルソニウムイオン，(f)ゼフィラミン．

ニトロベンゼン　　メチルイソブチルケトン

図7.6　イオン対抽出に用いる溶媒の構造

陽イオンの中でアルキルアンモニウムイオンなどは，いずれの脂溶性陰イオンを用いても定量的に抽出できる．これに対して，アルカリ金属イオンは水和しているために，単純なイオン対としては抽出できない．しかし，例えば18–クラウン–6（crownと略記）のようなイオノホア（ionophore）をいずれかの相に加えると，カリウムイオンは脱水して錯体（**包摂化合物**, inclusion compound, **図7.7**）を形成するために，クラウン化合物との錯体としてイオン対抽出される（広義の**三元錯体**，ternary complex）．

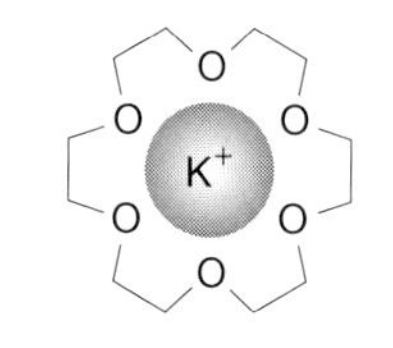

図7.7　18–クラウン–6とK⁺の錯体

$$K^+ + crown + A^- \rightleftharpoons [K(crown)^+, A^-]_o \tag{7.17}$$

また，Fe^{3+}などの多価のイオンは特に強く水和しており，そのままではまったく抽出することができない．しかし，高濃度の塩酸溶液中ではクロロ錯体を形成しており，水素イオンを対イオンとしてジエチルエーテル（etherと略記）にイオン対抽出される．

$$Fe^{3+} + 4\,Cl^- + H^+ + n(\text{ether}) \rightleftharpoons ([H(\text{ether})_n]^+, [FeCl_4]^-)_o \tag{7.18}$$

この場合，ジエチルエーテルは抽出溶媒として働くのに加えて，水素イオンを溶媒和することにも寄与している．

一方，長鎖硫酸アルキルなどの陰イオン性界面活性剤は，いずれの陽イオン性抽出試薬を用いても，容易にイオン対として抽出される．代表的な陰イオンの抽出しやすさの順を示す．

$$ClO_4^- > SCN^- > I^- > ClO_3^- > NO_3^- > Br^- > NO_2^-$$
$$> Cl^- > CH_3COO^- > SO_4^{2-} > \text{酒石酸イオン} > \text{クエン酸イオン}$$

これは溶液中のゼラチンを塩析する能力の順を示す**離液系列**（ホフマイスター系列）の逆順[*1]と一致している．いずれの過程も，陰イオンの水和を弱める（**脱水和**，dehydration）ために必要なエネルギーによって，全体の選択性が実質

*1　近年では陰イオン選択電極の応答選択性に関連してこちらをホフマイスター系列とよぶ場合もある．

的に支配されるためである.

7.4　液液イオン交換

目的の陰イオンA^-を含む溶液を，脂溶性の高いC^+の塩（ここでは塩化物）を含む有機溶媒と振とうすることによって，次式に従って有機相に抽出することができる.

$$A^- + (C^+, Cl^-)_o \rightleftharpoons (C^+, A^-)_o + Cl^- \qquad (7.19)$$

C^+は有機相に留まったまま，目的イオンが有機相に抽出され，代わりに抽出試薬の対イオン（上記の例ではCl^-）が水相へ放出される．陰イオンの交換に利用するC^+が有機相に溶解しているこのような反応を**液液イオン交換**とよび，C^+が固相に固定されている場合（8章）と区別することがある．その平衡は水相に放出された対イオン（式(7.19)ではCl^-）の濃度の影響を受ける．塩化トリドデシルメチルアンモニウム（**図7.8**(左)）などの抽出試薬をケロシン，トルエン，キシレンなどの非極性有機溶媒に溶解して，過塩素酸イオンなどを抽出することができる．1価陰イオンの選択性はイオン対抽出の場合と同様にホフマイスター系列の逆順と一致する.

一方，リン酸水素ビス（2−エチルヘキシル）（図7.8(右)）や長鎖カルボン酸を，オクタンやトルエンなどの非極性有機溶媒に溶解して，金属イオンの抽出に用いることができる．これらの物質は常温で液体であるため**液状イオン交換体**（liquid ion-exchanger）とよばれることがある．この抽出を水素イオンとのイオン交換として液液イオン交換の1つと考えることもできるが，その平衡の取り扱いはキレート抽出と同じなので，次節に含める.

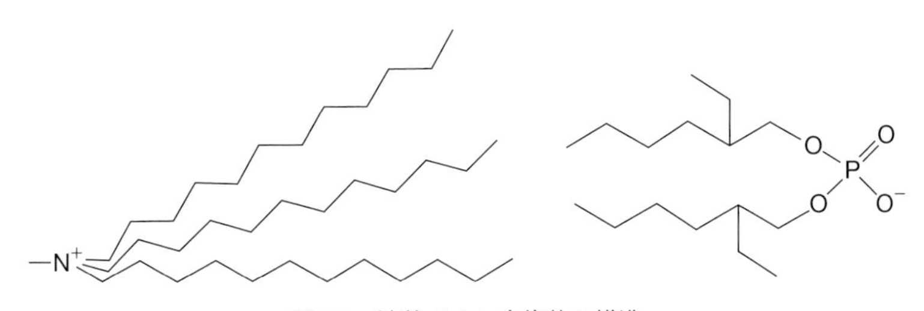

図7.8　液状イオン交換体の構造

7.5　キレート抽出

目的の金属イオンM^{n+}を含む溶液を，解離可能な水素を1つもつ**キレート抽出試薬**HLを含む有機溶媒と振とうすることによって，式(7.20)に従って金属キレート［ML_n］$_o$として有機相に抽出することができる．このような手法を**キレート抽出**とよぶ．

$$M^{n+} + n(HL)_o \rightleftharpoons [ML_n]_o + n\,H^+ \tag{7.20}$$

キレート抽出試薬は有機相に存在し，目的イオンが有機相に抽出される代わりに，水素イオンが水相へ放出される．したがって，溶媒抽出平衡は水相のpHの影響を受ける．逆にいえば，pHによって，その金属を有機相に抽出したり，水相に残したりというように，平衡の位置を制御することができる．適切なキレート抽出試薬を用いると，金属イオンに配位していた水分子が取り除かれる（脱水和）とともに電荷が中和されて，安定で脂溶性の高い錯体が生成して，有機相に分配する．実際の操作としては，酸型のキレート抽出試薬を有機相に溶かして用いる場合がほとんどであるが，酸型が不安定であるジエチルジチオカルバミン酸の場合のようにナトリウム塩を水相に溶かして抽出を行うこともある．

代表的なキレート抽出試薬として8-キノリノール（Hq，オキシン，図7.11参照）を用いる溶媒抽出平衡について述べる．溶媒抽出平衡に先だって，キレート抽出試薬自体の分配を考える．8-キノリノールは，水溶液中では酸性でプロトン付加してH_2q^+を生成する一方，アルカリ性で酸解離してq^-を生成する．

$$Hq + H^+ \rightleftharpoons H_2q^+ \tag{7.21}$$

$$K_{H2q} = \frac{[H_2q^+]}{[Hq][H^+]} = 10^{5.2}\ \mathrm{mol^{-1}\,L} \tag{7.22}$$

$$Hq \rightleftharpoons H^+ + q^- \tag{7.23}$$

$$K_a = \frac{[H^+][q^-]}{[Hq]} = 10^{-9.8}\ \mathrm{mol\,L^{-1}} \tag{7.24}$$

この化合物の，水溶液中での分布状態を**図7.9**(a)に実線で示す（3章参照）．この水溶液にクロロホルムを加えて二相系にすると，通常の条件では3種類の化学種のうちで中性のHqだけが有機相に分配される．

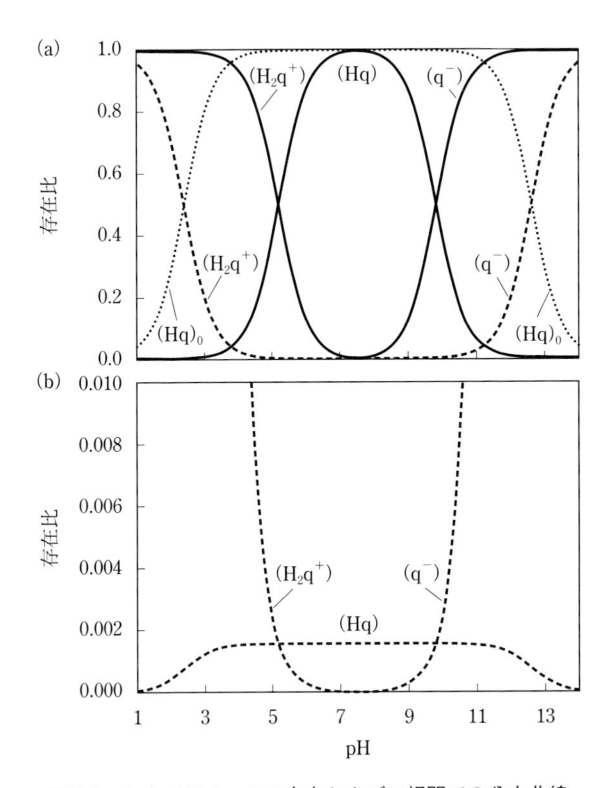

図7.9　8-キノリノールの水中および二相間での分布曲線
(a)水溶液中の場合は実線で，二相間の場合は水相を破線で，有機相を点線で示す．
(b)二相間の場合について(a)を拡大したもので水相を破線で示す．

$$K_D = \frac{[\mathrm{Hq}]_o}{[\mathrm{Hq}]} = 10^{2.8} \tag{7.25}$$

このとき，8-キノリノールの総濃度C_{Hq}は，式(7.26)で表される．

$$C_{Hq} = [\mathrm{q}^-] + [\mathrm{Hq}] + [\mathrm{H_2q^+}] + [\mathrm{Hq}]_o \tag{7.26}$$

各化学種の存在比を図7.9(a)に点線（有機相）および破線（水相）で示す．なお，水相中のHqの濃度はきわめて低く保たれているために図7.9(a)では確認できないので，その部分を拡大したものを図7.9(b)に示す．二相系では，Hqが有機相に主に存在する範囲はpH 4～11となっており，水溶液中でHqが存在するpH範囲と比較すると$\log K_D = 2.8$だけ酸性およびアルカリ性両側に広まっている．このため，試薬自体の分配の変化が金属イオンの抽出に影響を及ぼすことはほとんどない．

8-キノリノールを用いるある種の２価金属イオン（例えばBe^{2+}）の溶媒抽出平衡および抽出定数は次のように表される*2．

$$M^{2+} + 2(Hq)_o \rightleftharpoons (Mq_2)_o + 2H^+ \tag{7.27}$$

$$K_{ex,2+} = \frac{[Mq_2]_o[H^+]^2}{[M^{2+}][Hq]_o^2} \tag{7.28}$$

その結果，有機相および水相中におけるM^{2+}の濃度（C_{org}およびC_{aq}）は，それぞれ次式で与えられる．

$$C_{org} = [Mq_2]_o \tag{7.29}$$

$$C_{aq} = [M^{2+}] + [Mq^+] \tag{7.30}$$

通常はMq^+の濃度は無視できるほど低い．したがって，M^{2+}の全濃度C_{M2+}は次のように表され，式(7.28)を用いて式(7.31)のようになる．

$$\begin{aligned} C_{M2+} &= C_{org} + C_{aq} \\ &= [M^{2+}] + [Mq_2]_o \\ &= [M^{2+}]\left(1 + K_{ex,2+} \times \frac{[Hq]_o^2}{[H^+]^2}\right) \end{aligned} \tag{7.31}$$

この場合のM^{2+}の抽出率E_{M2+}は，式(7.28)と式(7.31)を用いると，式(7.32)のように表される．

$$\begin{aligned} E_{M2+} &= \frac{[Mq_2]_o}{C_{M2+}} \\ &= K_{ex,2+} \times \frac{[Hq]_o^2}{[H^+]^2 + K_{ex,2+} \times [Hq]_o^2} \end{aligned} \tag{7.32}$$

抽出率が0.5となるpHを**半抽出pH**（$pH_{1/2}$で表す）とよび，その値は式(7.32)で

*2　他の多くのイオンは式(7.40)に従う．

左辺を0.5とおくことで，次のように表される．

$$\mathrm{pH}_{1/2} = -\frac{1}{2}\log K_{\mathrm{ex},2+} - \log\,[\mathrm{Hq}]_{\mathrm{o}} \tag{7.33}$$

$K_{\mathrm{ex},2+}=10^{-2}$および$10^{-6}$の反応系で，$[\mathrm{Hq}]_{\mathrm{o}}=10^{-2}\ \mathrm{mol\ L^{-1}}$とした場合の抽出曲線を**図7.10**に実線で示す．pHが上昇するにつれて抽出率が上昇する．また，抽出定数が大きいほど，より低いpH領域に抽出曲線が位置する．

例えばある条件で1つの2価金属イオン(M^{2+})は99 %が抽出されるのに対して，他の金属イオン(N^{2+})が1 %は抽出されてもよいとすると（図7.10中のⓐ），

$$\frac{K_{\mathrm{ex,M}}}{K_{\mathrm{ex,N}}} = \frac{\dfrac{[\mathrm{Mq_2}]_{\mathrm{o}}[\mathrm{H^+}]^2}{[\mathrm{M^{2+}}][\mathrm{Hq}]_{\mathrm{o}}^2}}{\dfrac{[\mathrm{Nq_2}]_{\mathrm{o}}[\mathrm{H^+}]^2}{[\mathrm{N^{2+}}][\mathrm{Hq}]_{\mathrm{o}}^2}} = \frac{\dfrac{[\mathrm{Mq_2}]_{\mathrm{o}}}{[\mathrm{M^{2+}}]}}{\dfrac{[\mathrm{Nq_2}]_{\mathrm{o}}}{[\mathrm{N^{2+}}]}} = 10^4 \tag{7.34}$$

となるので，抽出定数の比が10^4以上あれば，この目的を達成するpHを選ぶことができる．図7.10に示す2つの金属イオンは，この境界条件に相当する．

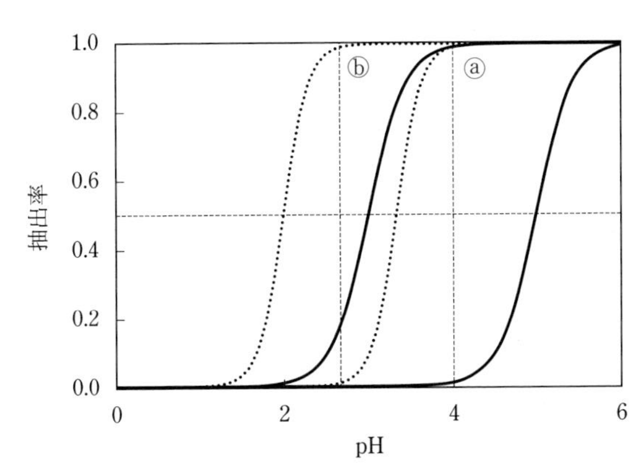

図7.10　2価および3価金属イオンの8-キノリノールによる抽出曲線
$[\mathrm{Hq}]_{\mathrm{o}}=10^{-2}\ \mathrm{mol\ L^{-1}}$.
実線は2価金属イオンの場合で，左から順に$K_{\mathrm{ex},2+}=10^{-2}$および$10^{-6}$.
ⓐ：M^{2+}は99 %，N^{2+}は1 %抽出される条件.
点線は3価金属イオンの場合で，左から順に$K_{\mathrm{ex},3+}=10^{0}$および$10^{-4}$.
ⓑ：M^{3+}は99 %，N^{3+}は1 %抽出される条件.

例題7.4

同様にして3価金属イオンM^{3+}についての抽出率および半抽出pHを表す式を導け．また$K_{ex,3+}=10^0$および10^{-4}の反応系で，$[Hq]_o=10^{-2}$ mol L^{-1}とした場合の抽出曲線を示せ．

解答

溶媒抽出平衡と抽出定数は次のように表される．

$$M^{3+}+3(Hq)_o \rightleftharpoons (Mq_3)_o+3H^+ \tag{7.35}$$

$$K_{ex,3+}=\frac{[Mq_3]_o[H^+]^3}{[M^{3+}][Hq]_o^3} \tag{7.36}$$

その抽出率$E_{M3+}=[Mq_3]_o/C_{M3+}$および$pH_{1/2}$は式(7.37)および式(7.38)で表される．

$$E_{M3+}=K_{ex,3+}\times\frac{[Hq]_o^3}{[H^+]^3+K_{ex,3+}\times[Hq]_o^3} \tag{7.37}$$

$$pH_{1/2}=-\frac{1}{3}\log K_{ex,3+}-\log[Hq]_o \tag{7.38}$$

抽出曲線を図7.10に点線で示す．2価の場合と比較すると，抽出曲線の形状は急である．この場合も，pHを選べば一方が99％，他方が1％抽出される組み合わせになっている（図7.10中のⓑ）．

先に述べたBe^{2+}と異なり，2価の金属イオンの多くは6配位であるため，1価で三座のキレート抽出試薬（例えばPAN，4章参照）を用いると，電荷の中和と配位の飽和が同時に満たされて，よく抽出される．同様の理由で，1価で二座のキレート抽出試薬（例えばアセチルアセトン）を用いると，3価の金属イオンはよく抽出されるが，2価の金属イオンは電荷が中和されても式(7.27′)で示すように配位水が残る場合は抽出されにくい（**図7.11**(a)）．

$$M^{2+}+2(HL)_o \rightleftharpoons [ML_2(H_2O)_2]_o+2H^+ \tag{7.27′}$$

このような場合に，ピリジン(Py)などの中性配位子を共存させると，

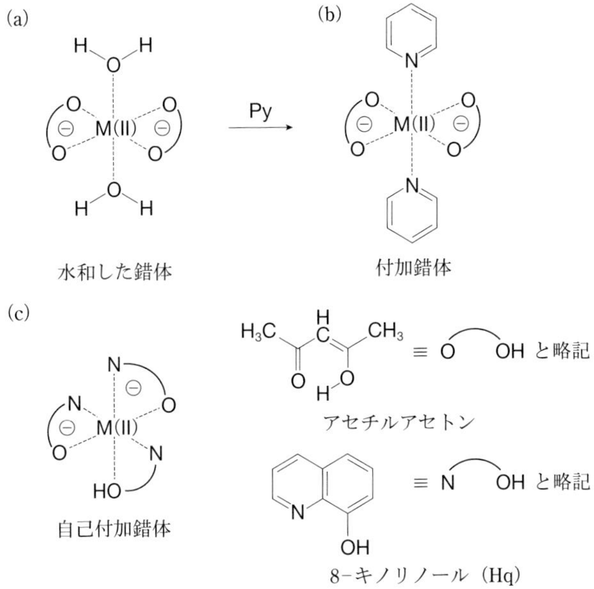

(a)

水和した錯体

(b)

付加錯体

(c)

自己付加錯体

アセチルアセトン

8-キノリノール（Hq）

図7.11　1価二座の配位子による金属イオンの溶媒抽出

$$M^{2+} + 2(HL)_o + 2\,Py \rightleftharpoons [ML_2Py_2]_o + 2\,H^+ \quad (7.39)$$

となり，配位水がピリジンに置き換わった錯体（図7.11(b)，**付加錯体**, adduct，狭義の三元錯体）が生成し，それぞれの試薬を単独に用いた場合の合計以上に抽出されやすくなる．このように，2つの試薬を用いる際に，それぞれを単独で用いた場合の合計より高い性能が出る現象を一般に**協同効果**（synergism）という．

8-キノリノールのようにキレート抽出試薬自体がこのような機能を兼ね備えている場合には，過剰の中性試薬がその働きをする（図7.11(c)，**自己付加錯体**，self-adduct）ことがある．

$$M^{2+} + 3(Hq)_o \rightleftharpoons (Mq_2(Hq))_o + 2\,H^+ \quad (7.40)$$

希土類元素のように配位数が6を超える場合には，3価イオンを1価二座のキレート抽出抽出試薬を用いて抽出しても配位水分子が残るために，同じような工夫が必要となる．

7.6　分離・分析への応用

溶媒抽出法は，分析に先立って，目的のイオンを濃縮したり，妨害イオンを除去したりといった前処理の1つの方法として，広く利用される．また，工業的には高純度の金属を得るための分離・精製法として大規模に用いられる．

7.6.1　pHの制御による金属イオンの分離・回収・濃縮

図7.10に示したように，2つの金属イオンを含む溶液のpHを制御して溶媒抽出を行うことにより，これらを分離できる可能性がある．

また，有機相に抽出した金属イオンを，抽出率が0となるpHの水相と振とうしたり（**逆抽出**，back extraction），水溶液中で安定なキレートを形成する試薬を含む水相と振とうしたりすれば，金属イオンを水相中に回収することができる（**ストリッピング**，stripping）．抽出の際の有機相体積を水相体積より小さくしたり，逆抽出の際の水相の体積を有機相体積より小さくしたりすることによって，**濃縮**（concentration）も同時に行うことができる．

7.6.2　マスキングによる分離選択性の向上

式(7.34)で述べた$K_{\mathrm{ex,M}}/K_{\mathrm{ex,N}}$の比が十分に大きくない場合でも，水相中にMよりもNと安定な錯体を形成する試薬を添加すると，全体に抽出性は低くなるが，両者を分離する能力は向上する．このような場合に水相に添加される試薬も4.3.4項と同様にマスク剤という．例えば希土類は互いによく似た性質をもっているために，その分離は容易ではないが，重希土（原子番号の大きい希土類元素）ほど抽出しやすい抽出試薬と軽希土（原子番号の小さい希土類元素）ほど安定な水溶性錯体を形成するマスク剤を組み合わせると効果的に分離できる．

7.6.3　吸光光度法や蛍光光度法

抽出試薬に吸収特性や蛍光特性があり，目的イオンの溶媒抽出によって特性が変化する場合には，その定量に用いることができる．試薬の反応性，抽出の条件，生成する錯体の分光学的特性などによって選択性を発現させる．例えば，界面活性剤を，分光学的特性をもつ試薬とのイオン対として抽出し，有機相のスペクトルなどを測定することによって，間接的に定量することができる．

第8章 イオン交換平衡とイオン交換法

溶媒抽出と同様に，水溶液およびこれと接する別の相の間で，巨視的な電気的中性を保ちながら，イオンが交換する現象を**イオン交換反応**（ion-exchange reaction）とよぶ．本章では，この反応に関する平衡論的な取り扱いおよびこれを利用する分離法を学ぶ．

8.1 イオン交換反応とイオン交換体

水溶液およびこれと接する別の相（固相や有機相）の間で，イオンが入れ替わる反応をイオン交換反応とよぶ．本章では，固相中に固定された電荷（化学的に明確な場合には**イオン交換基**（ion-exchange group）とよぶ）を中和するために存在しているイオン（**対イオン**，counter ion）と溶液中のイオンとの間の交換反応を取り扱う（交換基が固定化されていない液状イオン交換体は7章に含めた）．

ある種の鉱物や岩石（**無機イオン交換体**）がこのような反応を起こすことが，19世紀半ばにはすでに明らかにされていた．また，1930年代から，高分子を支持体とするイオン交換体（**有機イオン交換体**）が工業的に生産・供給され，分析の前処理，純水の製造，脱塩，物質の分離・精製，有価物質や汚染物質の捕集などに広く利用されている．対象とするイオンの電荷によって，**陽イオン交換体**および**陰イオン交換体**に分類される．

8.2 無機イオン交換体

カオリナイト・モンモリロナイトなどの粘土化合物，天然および合成ゼオライト，シリカゲル・チタニア・ジルコニアなどの酸化物がイオン交換能を有している．

例えば**ゼオライト**では，SiO_4四面体が頂点の酸素原子を共有することで3次元構造（**図8.1**(a)）を形成するが，そのSiをSi/Al＝1〜5の範囲でAlに置き換えると，その近傍に負の電荷が生じるために，3次元構造の中に陽イオンを取り込み，陽イオン交換能力を示す．ゼオライトAの1価陽イオンの交換容量は5.5 mmol g^{-1}であるが，複数の交換サイトがあるために，交換率が50 %まではNa^+よりCs^+のような大きいイオンが交換されやすいのに対して，それ以上ではむしろCs^+よりNa^+のような小さいイオンが優先される．また，アナルサイト（方沸石）には小さな空洞しかないために，Cs^+がまったく交換されないというように，結晶中にある隙間でサイズを識別できる場合がある．

一方，**層状複水酸化物**（layered double hydroxide）の組成は一般的に$[M^{II}{}_{1-x}M^{III}{}_{x}(OH)_2A^{n-}{}_{x/n}(H_2O)_m]$（例えば$M^{II}$：$Mg^{2+}$，$M^{III}$：$Al^{3+}$，$x$＝0.20〜0.33）で表され，3価金属イオンがもたらす正電荷を中和するために陰イオンA^{n-}を層間に取り込み，陰イオン交換能力を示す（図8.1(b)）．

有機イオン交換体に比べると高温での耐久性が高く，酸化剤や有機溶媒に対して安定なものが多いので，過酷な条件にも耐えられるという利点を有する．

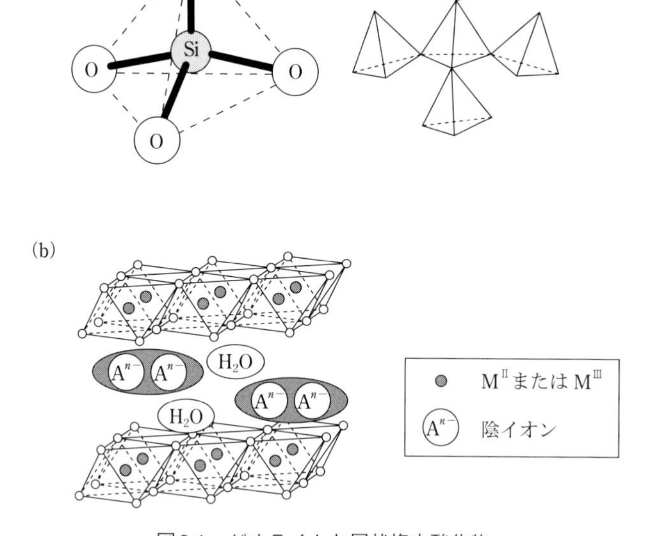

図8.1　ゼオライトと層状複水酸化物
(a)ゼオライトの構造とその連結構造，(b)層状複水酸化物の構造．

一方で，カラムへの充塡に適した球状に粒形を揃えることが困難であったり，酸や塩基に対する耐久性が低かったりするなどの欠点もある．

8.3　イオン交換樹脂

合成高分子やゲルなどの 3 次元網目構造の中にイオン交換基を化学的に固定したものを**イオン交換樹脂**（ion-exchange resin）という．モノマー・架橋剤・細孔形成材などを懸濁重合して直接合成したり，母体となる樹脂を先に合成した後に官能基を導入したりして作る．球状で直径150 ミクロン程度（100 メッシュ）の大きさに揃えたものが広く用いられる．**支持母体**（polymer matrix）と**架橋剤**（cross-linking reagent）の組み合わせとして，

- 疎水性の高いスチレン-ジビニルベンゼン共重合体
- 中程度の疎水性のアクリル酸-ジビニルベンゼン共重合体
- 親水性のポリビニルアルコール-グルタルアルデヒド共重合体

などがある．このほかに，アガロース，デキストラン，キチン・キトサンなどの天然高分子も利用されている．樹脂の形状により，

- 全体に均一で小さな孔（**ミクロポア**，micropore）だけをもつ**ゲル**(gel)**型**
- 大きな孔（**マクロポア**，macropore）をあわせもつ**ポーラス**（porous）**型**

に分類できる．架橋剤は5 %～8 %を含む場合が多い．架橋度が低いと，水分をたくさん含んで膨潤し，交換の速度が上昇するとともに，大きな分子も樹脂内部に侵入できる一方で，機械的な強度が減少する．

陽イオン交換樹脂の交換基にはスルホ基（$-SO_3H$），カルボキシ基（$-COOH$），ホスホン酸基（$-PO_3H_2$）あるいはその塩が用いられる．スルホ基を有するものは，式(8.1)に示すように液性によらず交換能力を示し，**強酸性型陽イオン交換樹脂**とよばれる．なお，以下では樹脂に固定されている陽イオン性官能基や陰イオン性官能基を示す際に-を前につけ，樹脂相の化学種は(　)で囲って表すこととする．なお，対イオンの種類を表すにはNa型などとよぶ．

$$(\text{–A}^-, \text{Na}^+) + \text{C}^+ \rightleftharpoons (\text{–A}^-, \text{C}^+) + \text{Na}^+ \qquad (8.1)$$

Na型　　　　　　　　C型

これに対して，カルボキシ基やホスホン酸基を有するものは**弱酸性陽イオン交換樹脂**とよばれ，水素イオンが解離したあるいは解離しやすい比較的塩基性の条件で，イオン交換能力を示す．酸性では水素イオンとの競争によって交換能力が下がるので，いったん吸着した陽イオンを酸で容易に脱着できる．

陰イオン交換樹脂の交換基には，トリメチルアミノメチル基（I型とよばれる），(2−エチルヒドロキシ) ジメチルアミノメチル基（II型），ジメチルアミノ基などやその塩が用いられる．前2者を有するものは次式のように液性によらず交換能力を示し，**強塩基性型陰イオン交換樹脂**とよばれる．同様にして，対イオンの種類を表すにはCl型などとよぶ．

$$(\text{–C}^+, \text{Cl}^-) + \text{A}^- \rightleftharpoons (\text{–C}^+, \text{A}^-) + \text{Cl}^- \qquad (8.2)$$

Cl型　　　　　　　　A型

これに対して，ジメチルアミノ基を有するものは**弱塩基性陰イオン交換樹脂**とよばれ，プロトン付加したあるいは付加しやすい酸性の条件で，イオン交換能力を示す．いったん吸着した陰イオンを塩基で容易に脱着することができる．

単位質量あるいは単位体積あたりの交換基の物質量を**交換容量**（exchange capacity）（mmol g^{-1}, mmol mL^{-1}で表す）という．これら2種類の交換容量は，見かけの密度によって関係づけられる．架橋のないポリスチレンスルホン酸ナトリウムやポリ（塩化トリメチルアミノメチルフェニル）を仮想的な樹脂と考えると，その理論的な交換容量はそれぞれ$1000/206 = 4.9\ \text{mmol g}^{-1}$および$1000/211.5 = 4.7\ \text{mmol g}^{-1}$となる[*1]．実際の樹脂の交換容量は，架橋やその他の理由により，最大でも$4\ \text{mmol g}^{-1}$程度である．交換容量の値は，イオン交換樹脂を完全に置き換える際に溶出した対イオンの量，あるいはそれに必要とした別のイオンの物質量を用いて算出する．

[*1] それぞれのモノマーユニットのモル質量は，$206\ \text{g mol}^{-1}$および$211.5\ \text{g mol}^{-1}$である．

例題8.1

H型の陽イオン交換樹脂100 mgを0.0100 mol L^{-1}の塩化カルシウム溶液100 mLと振とうして水素イオンを完全に溶出させた．平衡に達した後の上澄み20.00 mLを，0.0100 mol L^{-1}の水酸化ナトリウム溶液で滴定したところ，7.76 mLを要した．この樹脂の交換容量を算出せよ．

解答

上澄み中の水素イオンの濃度は

$$0.0100\ \mathrm{mol\ L^{-1}} \times \frac{7.76\ \mathrm{mL}}{20.00\ \mathrm{mL}} = 3.88\ \mathrm{mmol\ L^{-1}}$$

であり，上澄み全体の水素イオンの物質量は

$$3.88\ \mathrm{mmol\ L^{-1}} \times 100\ \mathrm{mL} = 0.388\ \mathrm{mmol}$$

である．用いた樹脂の質量100 mgを考慮すると，交換容量は3.88 mmol g^{-1}となる．なお，1 molのH^+を交換するのに0.5 molのCa^{2+}を必要とするので，0.388/2＝0.194 mmolのCa^{2+}が代わりに樹脂に捕捉される．その結果，溶液中のCa^{2+}の物質量は1 mmolから0.806 mmolまで減少し，上澄み中の濃度は8.06 mmol L^{-1}となっているはずである．

8.4 イオン交換平衡と選択性

式(8.1)や式(8.2)の反応を**イオン交換平衡**(ion-exchange equilibrium)とよぶ．これらの式に対応して定義される以下の数値をそれぞれ，Na^+あるいはCl^-を基準とする**選択係数**（selectivity coefficient）とよぶ．

$$K_{\mathrm{Na}}{}^{\mathrm{C}} = \frac{[-\mathrm{A}^-, \mathrm{C}^+][\mathrm{Na}^+]}{[-\mathrm{A}^-, \mathrm{Na}^+][\mathrm{C}^+]} \tag{8.3}$$

$$K_{\mathrm{Cl}}{}^{\mathrm{A}} = \frac{[-\mathrm{C}^+, \mathrm{A}^-][\mathrm{Cl}^-]}{[-\mathrm{C}^+, \mathrm{Cl}^-][\mathrm{A}^-]} \tag{8.4}$$

ここで［$-A^-$, C^+］や［$-C^+$, A^-］はmmol g^{-1}単位で表した樹脂相中の当該化学種の濃度である．溶液中の反応に対する平衡定数と異なり，この数値は樹脂相の組成に依存することがある．選択係数は，イオンの電荷が大きいほど大きく，同じ電荷の場合には，大きくて弱く水和しているイオンほど大きい．例えば強酸性型陽イオン交換樹脂の同じ電荷のイオンに対する選択係数の大きさの順は次の通りであり*2，左に位置するものほど**選択性**（selectivity）が高いという．

$$Ac^{3+} > La^{3+} > Y^{3+} > Lu^{3+} > Sc^{3+} > Al^{3+}$$

$$Ra^{2+} > Ba^{2+} > Pb^{2+} > Sr^{2+} > Ca^{2+} > Ni^{2+} > Cd^{2+} > Cu^{2+} > Co^{2+} > Zn^{2+} > Mg^{2+} > Mn^{2+} > Be^{2+}$$

$$Ag^+(7.6) > Cs^+(2.7) > Rb^+(2.6) > K^+(2.5) > NH_4^+(1.95) > Na^+(1.5) > H^+ > Li^+(0.85)$$

電荷の異なるイオンの交換の優劣は，条件によって反転することがあるために，単純に比較することが困難なのはイオン対抽出の場合と同様である（例題7.3参照）．

一方，強塩基性陰イオン交換樹脂に対する1価陰イオンの選択係数の大きさの順は次の通りで，ホフマイスター系列の逆順である（7.3節および7.4節参照）*3．

$$ClO_4^- > SCN^- > I^-(175) > ClO_3^-(74) > NO_3^-(65) > Br^-(50) > CN^-(28) > Cl^-(22) > F^-(1.6) > OH^-$$

---

*2　カッコ中の数値はH^+を基準とする選択係数を示す．

［H. F. Mark, Encyclopedia of Polymer Science and Technology ; Vol. 7, Interscience (1967), p.719］

*3　カッコ中の数値はOH^-を基準とする選択係数を示す．

［H. F. Mark, Encyclopedia of Polymer Science and Technology ; Vol. 7, Interscience (1967), p.719］

例題 8.2

交換容量が3.50 mmol g^{-1}のCl型強塩基性陰イオン交換樹脂100 mgを10^{-3} mol L^{-1}のヨウ化ナトリウム溶液50 mLとイオン交換したところ，平衡後の上澄みには2×10^{-5} mol L^{-1}のヨウ化物イオンが検出された．塩化物に対するヨウ化物イオンの選択係数$K_{Cl}{}^{I}$を算出せよ．

解答

用いた樹脂中に存在した塩化物イオンの物質量は

$$3.50 \text{ mmol g}^{-1} \times 100 \text{ mg} = 0.350 \text{ mmol}$$

である．一方，平衡前後の溶液中のヨウ化物イオンの物質量はそれぞれ

$$10^{-3} \text{ mol L}^{-1} \times 50 \text{ mL} = 0.050 \text{ mmol}$$

$$2 \times 10^{-5} \text{ mol L}^{-1} \times 50 \text{ mL} = 0.001 \text{ mmol}$$

であり，その差の0.049 mmolがイオン交換樹脂に捕捉された．したがって，同量の塩化物イオンが溶液中に溶出したことになる．樹脂相に残る塩化物イオンの物質量は0.350 − 0.049 = 0.301 mmolとなる．1価同士の交換では，水溶液の体積および樹脂の質量は打ち消し合うので，

$$K_{Cl}{}^{I} = \frac{[-C^+, I^-][Cl^-]}{[-C^+, Cl^-][I^-]} = \frac{0.049 \times 0.049}{0.301 \times 0.001} = 8.0$$

となる．上に示した水酸化物イオンを基準とする選択係数を用いて，対応する選択係数を試算すると

$$K_{Cl}{}^{I} = \frac{K_{OH}{}^{I}}{K_{OH}{}^{Cl}} = \frac{175}{22} = 8.0$$

となっており，この値と整合していることがわかる．

例題 8.3

陽イオン交換樹脂を用いて，Cu^{2+}とFe^{3+}を分離する方法を述べよ．

解答

バーチャル実験4.2で述べたCu^{2+}とチオ硫酸イオンとの間の反応を利用して分離する．両者を含む溶液を酢酸酸性としたうえで，チオ硫酸ナトリウム溶液を加えると，Cu^{2+}はCu^{+}に還元されてチオ硫酸イオンと錯形成反応を起こし$[Cu(S_2O_3)_2]^{3-}$となる．一方，Fe^{3+}はFe^{2+}に還元される．この溶液を陽イオン交換カラムに通すと，Fe^{2+}は陽イオン交換樹脂に捕捉されるのに対して，陰イオン性の$[Cu(S_2O_3)_2]^{3-}$は流出してくる．流出の完了を待って，酸化剤としてペルオキソ二硫酸アンモニウムを含む塩酸溶液を流すと，Fe^{2+}はFe^{3+}に酸化されてクロロ錯体$[FeCl_4]^{-}$として流出してくるので，両者を完全に分離することができる．

8.5　キレート樹脂

陽イオン交換樹脂の交換基として，キレート環を形成するような配位子を導入した樹脂を**キレート樹脂**（chelating resin）とよぶ．このような配位子は一般的にプロトン付加反応にも関与し，そのイオン交換平衡はキレート抽出の場合と同様にpHに依存するため，吸脱着をpH調節により制御できる．1例としてイミノ二酢酸（$-LH_2$）型キレート樹脂について述べる．この樹脂は，例えばナトリウム塩の共存下でpHに応じてイオン交換的に酸解離する．

$$(-LH_2) + Na^+ \rightleftharpoons (-LHNa) + H^+ \tag{8.5}$$

$$(-LHNa) + Na^+ \rightleftharpoons (-LNa_2) + H^+ \tag{8.6}$$

一方で，例えば2価の金属イオンM^{2+}とは次のように反応する．

$$(-LH_2) + M^{2+} \rightleftharpoons (-LM) + 2\,H^+ \tag{8.7}$$

キレート抽出の場合と同様に，式(8.5)や式(8.6)で示されるような酸解離反応が起こらない低pHでは，式(8.7)に従った錯形成反応が起こる．8.4節で述べたイオン交換反応では静電的な相互作用だけを用いているのに対して，キレート樹脂ではより強い錯形成反応を用いている．このため，例えば，海水試料からでもイオン交換樹脂の場合ほど塩分の影響を受けることなく，アルカリ金属イオン以外の金属を分離・濃縮することができる．キレート樹脂との錯体の安定性は，溶液中でのイミノ二酢酸錯体の安定性とある程度の相関性をもっている．

この他にも，チオールやジチオカルバミン酸などの交換基を有するキレート樹脂があり，目的とする金属イオンの性質を考慮して選択する（4.1節（2）参照）．

例題8.4

Ni^{2+}のイミノ二酢酸型キレート樹脂への交換反応式（8.7）の平衡定数は10^{-3} mol L^{-1}である．10^{-3} mol L^{-1}のNi^{2+}溶液30 mLを交換容量が3 mmol g^{-1}のキレート樹脂100 mgおよび300 mgと反応させたときの交換率（キレート樹脂に捕捉されたNiの物質量と全物質量との比）とpHの関係を示せ．

解答

Ni^{2+}の錯形成による交換が起こるpH範囲では，式（8.5）や式（8.6）の酸解離反応は起こらないので，次の平衡および平衡定数だけを考えればよい．

$$(-LH_2) + Ni^{2+} \rightleftharpoons (-LNi) + 2H^+$$

$$K = \frac{[-LNi][H^+]^2}{[-LH_2][Ni^{2+}]} \tag{8.8}$$

樹脂の交換容量をC_L（mmol g^{-1}），mmol g^{-1}単位で表した樹脂中の各化学種の濃度を［$-LH_2$］や［$-LNi$］，樹脂の質量をm（g），Ni^{2+}の全濃度をC_{Ni}（mol L^{-1}），溶液の体積をV（mL）とすると，次のような関係がある．

$$C_{Ni} = [Ni^{2+}] + [-LNi] \times \frac{m}{V} \tag{8.9}$$

$$C_L = [-LH_2] + [-LNi] \tag{8.10}$$

式（8.10）に式（8.8）を代入して変形すると式（8.11）が得られる．

$$[-LH_2] = \frac{C_L \times [H^+]^2}{[H^+]^2 + K \times [Ni^{2+}]} \tag{8.11}$$

式（8.11）を式（8.8）に代入して［$-LNi$］を求め，それを式（8.10）に代入すると式(8.12)が得られる.

$$0 = K[\mathrm{Ni}^{2+}]^2 + \left([\mathrm{H}^+]^2 + K \times C_\mathrm{L} \times \frac{m}{V} - K \times C_\mathrm{Ni}\right) \times [\mathrm{Ni}^{2+}] - C_\mathrm{Ni} \times [\mathrm{H}^+]^2 \tag{8.12}$$

この2次方程式を解くことによって，$[\mathrm{Ni}^{2+}]$ が求まるので，これを用いて各pHにおける交換率（$C_\mathrm{Ni} - [\mathrm{Ni}^{2+}]$)/$C_\mathrm{Ni}$ を求めることができる．結果を**図8.2**に示す．pHの増加とともに交換率が増加している．また，キレート樹脂の質量を増やすことで，より酸性側からNiを捕捉できるようになることがわかる.

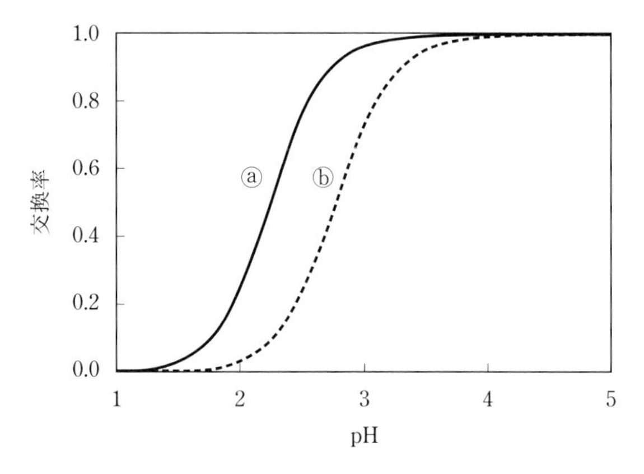

図8.2　イミノ二酢酸型キレート樹脂へのNi^{2+}の吸着に対するpHの影響
キレート樹脂の質量：ⓐ300 mg，ⓑ100 mg.

8.6　分離・分析への応用

目的イオンの選択性が樹脂の交換基の対イオンと比べて十分に高い場合には，目的イオンを含む溶液中に樹脂を入れてしばらく放置するだけで完全にイオン交換が起こる（**バッチ操作**）．選択性の差が十分でない場合にも，樹脂をカラムに充填して，目的イオンをゆっくり通過させることにより，十分にイオン交換を行うことができる（**フロー操作**）．このカラムに，**溶離液**（eluent）[*4]を上部から流すことによって，樹脂中に捕捉されたイオンを溶出させることができる（**イオン交換クロマトグラフィー**，ion-exchange chromatography）．原理的には同じであるが，微細で表面のみにイオン交換基をもつようなイオン交換体・高圧ポンプ・高感度検出器を組み合わせたシステムは，**イオンクロマトグラフィー**（ion chromatography）として多成分のルーチン分析に広く用いられている．一般にこの手法では分離された目的成分を電気伝導度で検出するが，溶離液中のイオンによるバックグランドの電気伝導度を消去するための**サプレッサーカラム**にも，H型あるいはOH型のイオン交換樹脂が用いられている（『機器分析』クロマトグラフィーを参照）．

色をもったイオンをイオン交換樹脂上に捕捉して，そのまま吸光度を測定することで，微量物質を濃縮・定量することも可能である．

2011年3月11日の東日本大震災と津波による福島第一原子力発電所での放射能もれ事故により，半減期の長い放射性セシウムの除去が喫緊の課題となっている．放射能が高く，しかも塩分が共存するという過酷な条件下でセシウムを選択的に捕集するために，フェロシアン化物塩を担持した複合材料の開発が急がれている．

---

*4 樹脂の交換基に対して目的イオンと競争して交換するイオン（競争イオン）を含む溶液であり，目的イオンの溶出を促進するために用いる．

第9章　分析に用いる器具・試薬とpH測定

9.1　電子天びん

9.1.1　質量の測定

質量（mass）の単位であるキログラム（kilogram，単位記号はkg）はSI（国際単位系）の7つの基本単位の1つである（10.5節参照）．固体や液体の質量の測定は，分析化学におけるもっとも基本的な操作の1つである．現在では質量を量る場合には上皿電子天びん（電磁式）（**図9.1**）を用いることが一般的である．

分析を行う一般の実験室で用いられる天びんには，最大荷重が5 kg程度（例えば最小目盛が0.01 g）や1 kg程度（例えば最小目盛が0.001 g）の比較的大きいものや，広く普及している最大荷重が200 g程度（例えば最小目盛が0.01 mgのセミミクロ天びん）のものがある．さらには，最大荷重が50 g程度から数グラムのミクロ天びん（最小表示が0.001 mg）や最大荷重が数グラムのウルトラミクロ天びん（最小表示が0.0001 mg）とよばれるものもあり，ひょう量対象の質量の大きさと求める精密さによって使い分ける．

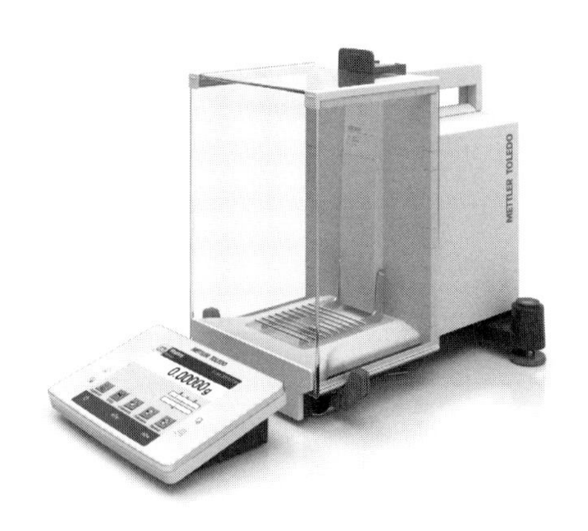

図9.1　上皿電子天びん
［写真提供：メトラー・トレド株式会社］

なお，質量と同じ意味で重量という言葉も使われてきたが，重力の影響があるという誤解を避け，普遍的な量であることを明確にするために，現在は質量に統一されている．

化学天びんから電子天びんへの道

最近では電子天びんの使用が普及しているが，20 世紀の前半には写真のような**化学天びん**が用いられていた．片側の皿に試料を載せ，もう一方の皿に校正された分銅を順次載せて両側をつり合わせることによって，質量を量るものである．1 つの質量を量るだけでも相当の時間（少なくとも数分）と労力を要していた．なお，皿を吊り下げているさおの支点の両側の長さは厳密には同じではないので，それを補正する操作も時に必要であった．

20 世紀の後半には，ダイアル操作によって内蔵している多くの分銅を機械的に操作してつり合いをとり，ダイアルと投影目盛の読みだけで質量を知ることができる**直示天びん**が広く普及した．直示天びんを用いると，例えば 1 つのひょう量を 1 分以内に終えることが可能である．なお，通常の直示天びんでは支点の両側の長さが違っていても問題にならない方式が採用されていた．

その後，電子機器の発達につれて**電子天びん**が開発されて，20 世紀の終わり頃には直示天びんはほとんど姿を消し，現在では手間のかかる機械操作が不要で皿の上に試料を載せる方式の電子天びんの使用が常識になっている．

化学天びん
［写真提供：株式会社島津製作所］

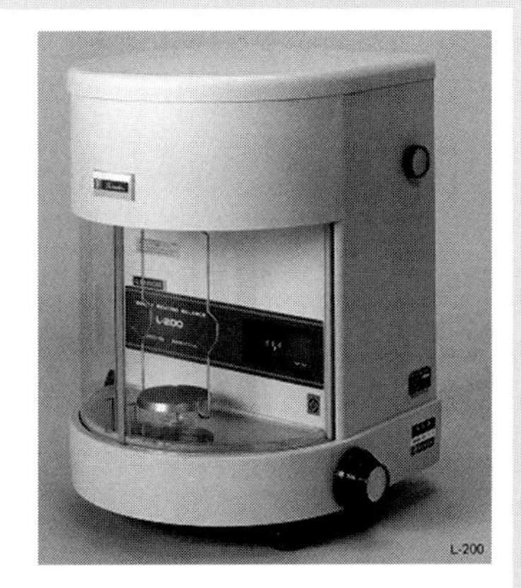

直示天びん
［写真提供：株式会社島津製作所］

9.1.2　天びん使用時の注意点

上皿電子天びんを用いれば比較的簡便に質量を量ることができるが，表示値は浮力の影響のために真の質量を示していない．そのため，一般に**浮力補正**（buoyancy correction）が必要である（9.1.3項参照）．ここでは，天びんを用いて正確な質量を量るための注意点について述べる．

環境の温度が変化すると，浮力が変化するほかに，天びん皿上の試料とつりあわせるための電磁力発生部が影響を受けて電磁力が変わり，校正状態がずれてしまう．そのため，天びんは一定温度の環境に設置するのが望ましい．また，水平に設置することが前提になっているので，水準器を利用して水平を確認しておく．空気の流れも影響するので，空調の吹き出し口やドア付近を避けて設置する．特に精密なひょう量のためには，除震台などを利用して，振動の影響を避ける．

試料を載せる天びんの皿は清浄でなければならず，使用前後には皿の汚れがないことを確認する．温度の影響による誤差や**ドリフト**（一定方向へ表示値が緩やかに変化していく現象）を避けるために，試料や容器の温度が周囲の環境と同じになるのに十分な時間が経過してからひょう量を行う．汚れや熱を与えるので，容器を素手で触ることは避ける．ひょう量値の時間経過を見ることによって，試料の吸湿，風乾，昇華などに気づくことがある．そのような場合は，適切な対応をとる．空の乾いたプラスチック容器や粉末試料では静電気が発生して，正確なひょう量が難しくなることがある．天びんの風防室内に水を置いたり，**イオナイザー**とよばれる器具を風防扉の外に置いたりして対応する．イオナイザーを内蔵している天びんもある．

固体をひょう量によって採取する場合には，天びん上の容器へ直接採取して採取量を知る方法と，試料入りひょう量瓶から試料を必要なところへ移し，移した前後のひょう量瓶の質量の差分から採取量を知る方法がある．液体の場合には，**シリンジ**や**質量ビュレット**（**図9.2**）に満たして，分取前後のひょう量値の差を用いることができる．容器の内部を真空や減圧にした後に密閉すると密閉前後で天びんの表示値が異なること，容器が変形しても浮力差のために天びんの表示値が変わることに注意を要する．

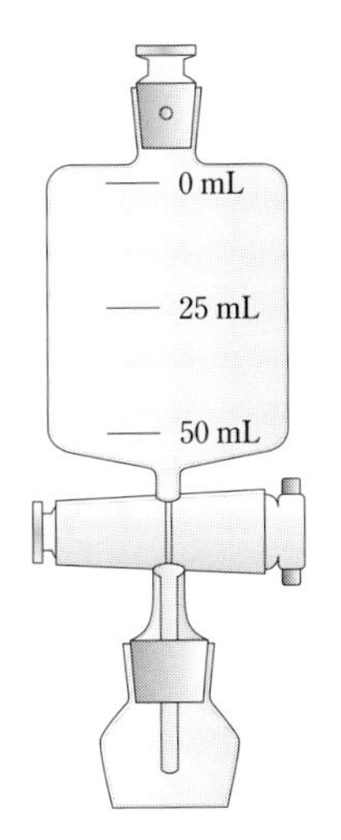

図9.2　質量ビュレット

9.1.3　浮力補正の方法

質量は物体に固有の性質の1つであり，置かれる環境には依存せず不変である．一方，その物体をひょう量しようとする際に天びんが示す値は，浮力の影響を受け，物体の密度や周囲の環境によって違いが生じる．**図9.3**に示すように，同じ質量で密度が異なる2つの物体を比べたとき，重力は同じであるが浮力が異なるために，天びんの感じる力が異なる．ひょう量値から浮力を補正して質量を求めるには式(9.1)を用いる．

$$m = fm' \tag{9.1}$$

ここで，mは物体の質量，m'は天びんの表示値，fは浮力補正係数である．浮力補正係数の値は，物体の密度をd(g cm^{-3})，分銅の密度をd_0(g cm^{-3})とすると，式(9.2)で表される．

$$f = 1 + \rho\left(\frac{1}{d} - \frac{1}{d_0}\right) \tag{9.2}$$

ここで，ρ(g cm^{-3})は湿潤空気（相対湿度50 %）の密度の近似値であり，気温をT(℃)，気圧をP(Pa)とすると，式(9.3)で与えられる．

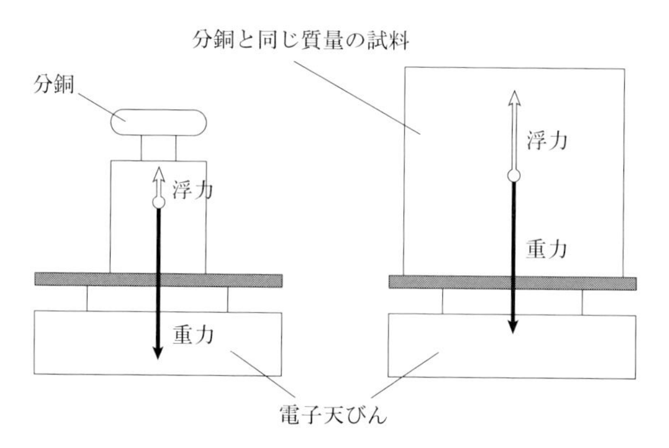

図9.3　密度の違いによる浮力の相違
矢印の長さは模式的で，それらの比は実際とは異なる．

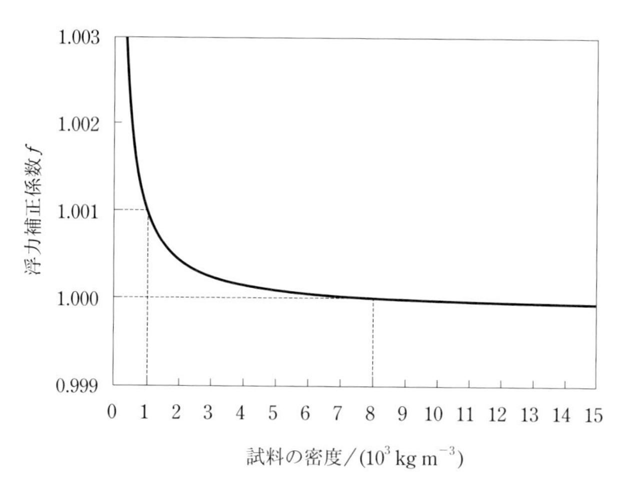

図9.4　試料の密度と浮力補正係数の関係
25 ℃，101 325 Pa（1気圧），相対湿度50 %，分銅の密度8 g cm^{-3}.

$$\rho = \frac{0.001\,295}{1 + 0.004T} \times \frac{P}{101\,325} \tag{9.3}$$

通常d_0＝8 g cm^{-3}の分銅が使われ，物体が希薄水溶液であればd≈1 g cm^{-3}である．また，ρ＝0.0012 g cm^{-3}程度なので，25 ℃で1気圧の条件ではf≈1.0010であり，浮力補正をしない場合と比べて約0.1 %の差であると記憶しておくと便利である．試料の密度と浮力補正係数の関係を**図9.4**に示す．なお，通常の化学分析においては，浮力補正に用いる空気の密度は上式の湿潤空気の近似値で十分である．上述の通り，希薄水溶液では浮力補正の有無による差は約0.1 %であり，密度の大きい試料ではその差はもっと小さくなるので，その差が問題にならない分析では，浮力補正を省略する場合もある．

例題9.1

密度8 g cm^{-3}の分銅で校正した電子天びんを用いて，以下の少し極端な2つの条件下で，水（密度1 g cm^{-3}とする）をひょう量したときの浮力補正係数を計算せよ．

［1］気温35 °C，気圧90 000 Pa（強い台風の接近時，空調なし）

［2］気温10 °C，気圧104 000 Pa（冬の高気圧時，空調なし）

解答

湿潤空気（相対湿度50 %）の密度を計算すると，各条件でρ＝0.001 01 g cm^{-3}，ρ＝0.001 28 g cm^{-3}であり，浮力補正係数は1.000 88および1.001 12となる．

9.1.4　天びんの校正

電子天びんの校正は専門事業者に任せることが一般的であるが，その性能を適切に維持することが利用者には必要である．そのため，適切に管理されている分銅などを用いた利用者自身による日常点検が重要である．最近の電子天びんでは，分銅が内蔵されていて，定期的に自動で内部校正を行うようになっている機種が多い．

9.2　体積計

9.2.1　体積計の種類と特徴

一定体積をとったり，一定体積に希釈したり，体積を測定したりするのに用いられる器具を**体積計**とよぶ．**表9.1**にガラス製体積計の種類と主な用途を示す．質量測定によって溶液を調製する場合にも，体積計は質量の目安として用

表9.1　ガラス製体積計の種類

	主な用途		
	一定体積を採取	一定体積に希釈	体積を測定
ビュレット	●		●
メスピペット	●		
全量ピペット	●		
全量フラスコ（受用）		●	
全量フラスコ（出用）	●		
首太全量フラスコ		●	
メスシリンダー			●
乳脂計			●

いることができる．体積測定は質量測定に比べて精確さに欠ける場合が多いが，操作にかかる時間が短いことから，広く用いられている．体積計にはさまざまな種類があり，JIS R 3505−1994には，以下のものが規定されている．ガラス製体積計として**ビュレット**（burette）（**図9.5**(a)），**メスピペット**（measuring pipette，日本語名は独語Messpipetteに由来する）（図9.5(b)），**全量ピペット**（one-mark pipetteやtransfer pipette，ホールピペットともよばれるのは独語Vollpipetteに由来する）（図9.5(c)），**全量フラスコ**（volumetric flask，**メスフラスコ**とよばれることもある）（図9.5(d)），**首太全量フラスコ**，**メスシリンダー**（graduated cylinder，日本語名は独語Messzylinderに由来する）（図9.5(e)），**乳脂計**である．材質は線膨張係数が5.5×10^{-6}/K以下のホウケイ酸ガラスとされている．体積計の目盛は一般に20 ℃の水を測定したときの体積を表すものとして付される．

全量ピペットには，ガラス製とプラスチック製がある．ガラス製の方が精密な取り扱いが可能であるが，ガラスを溶かすHFやアルカリの場合には後者を用いる．単純なピペットのほか，プッシュボタン式や電動のものもある．また，通常のシングルタイプのほか，同時に8つ程度の注入が可能なマルチタイプもある．

全量フラスコにもガラス製とプラスチック製があり，使い分けは全量ピペットと同じである．なお，全量フラスコのうち受入体積を測定するものは「受用」，

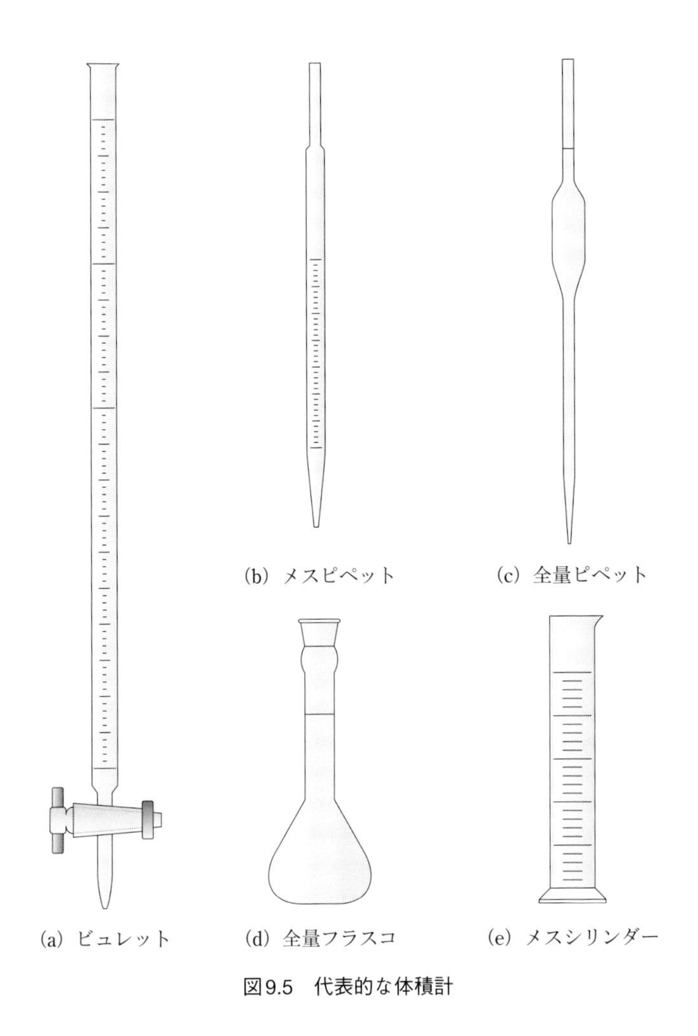

図9.5　代表的な体積計

「In」,「TC」の標識がつき，排出体積を測定するものは「出用」,「Ex」,「TD」の標識がついている．

ビュレットには液の補充に空気圧を利用するオートビュレット（**図9.6**）とよばれるものもある．また，電動ビュレット（**図9.7**）もあり，校正をすれば，0.001 mLあるいはそれ以下の桁までの排出の制御が可能な場合もある．

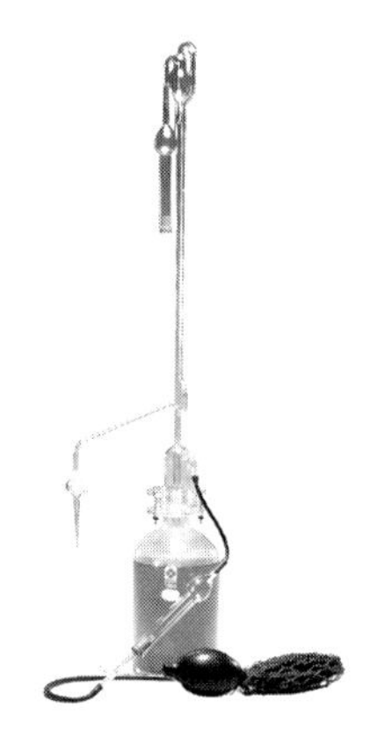

図9.6　オートビュレット
［写真提供：柴田科学株式会社］

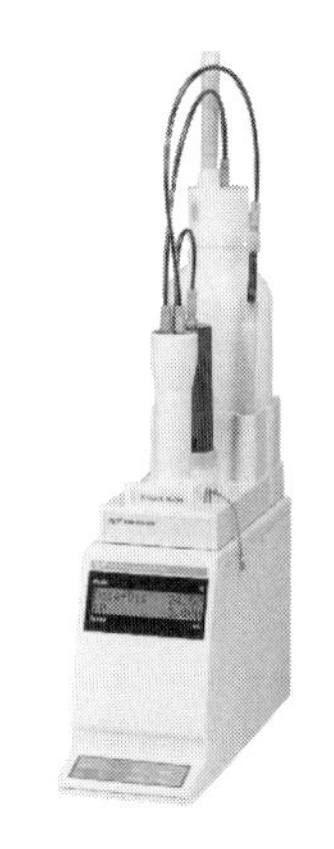

図9.7　電動ビュレット
［写真提供：京都電子工業株式会社］

9.2.2 体積計使用時の注意点

本項では主にガラス製の全量フラスコ，全量ピペット，ビュレットについて述べるが，多くの事項は体積計全般に共通である．

体積計の内面は清浄でなければならない．特に出用の場合には液体が内部に残ると正確な排出量とならない．一方，受用の場合には内面を乾燥させて用いることが必要である．乾燥時には熱をかけない方が望ましいが，パイレックス製（PYREX®）であれば50 ℃程度以下の加熱は大きい問題にならない．なお，乾燥していない出用器具を用いる場合には，**共洗い**[*1]して用いることもできる．ピペットの操作法としては，口で吸って液を吸い上げる方法もあるが，ピペットの先端を誤って液面から離して，口中へ吸い込んでしまう事故を避けるためにも，シリコンゴム製などの**安全ピペッター**（**図9.8**）を使用するのが望ましい．

図9.9に体積計の**目盛線**（全量ピペットなどでは**標線**とよぶこともある）と**メニスカス**（液面の屈曲のことで，透明な液体の場合，細い三日月形に見える．水際ともよばれる）の合わせ方を示した．全量ピペットや全量フラスコの場合には，体積計を目盛線が水平になるように保持したうえで，目盛線を水平方向から眺め，メニスカスの下端（水際の最深部）が目盛線の上縁にあう位置まで

*1　取り扱う液体の一部を体積計に取り入れ，最終的に液体が触れる体積計内面をすすぐこと．

図9.8　安全ピペッター
［写真提供：アラム株式会社］

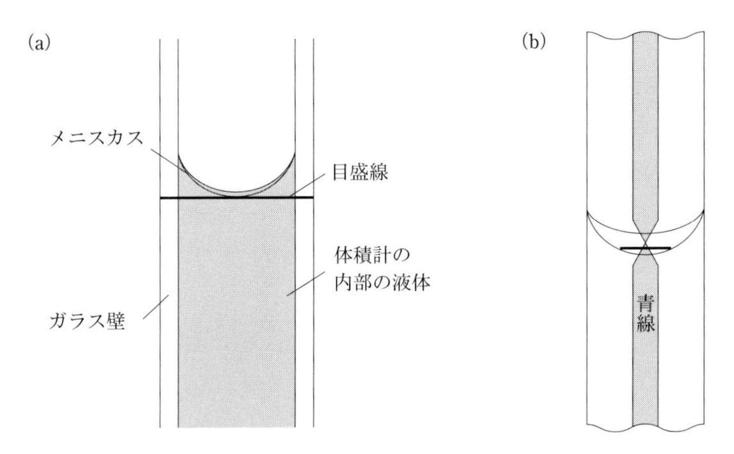

図9.9　通常の体積計および青線入りの体積計の目盛線とメニスカス

液体を入れる．その際に，素手で触るなどして熱を伝えることがないようにする．青線入りの体積計の場合は，青線がメニスカスによって屈折され，もっとも狭く見える部分を水際の最深部とする．

全量ピペットでは，目盛線より少し上まで液体を吸い上げたうえで，垂直に保持しながらゆっくり排出してメニスカスを目盛線にあわせる．液体を吸い上げる際にはピペットの先端は深く差し入れないようにするとともに，吸い上げている途中に先端が液面より上がって空気を吸い込むことがないように注意する．万一空気を吸い上げてしまった場合には，そのピペットは再び洗浄しなければ使えないこともあるし，安全ピペッターの内部を汚してしまった場合には別のものに取り換えなければならない．排出中にはピペットの先端を，受ける容器などの内壁に軽く接触させておくことが多い．必要な容器などへ全量ピペット内の液体を排出するには通常は自然落下を利用し，排出し終わった後は自分で決めた一定の時間そのまま保持し（校正時と同じ時間），その後ピペットの上部をふさいだうえでピペットの液溜部を握って，ピペット先端を内壁に接触させて，先端に残っている液体を排出する．安全ピペッターを用いる場合は，それを利用して最後の先端の液体を排出することもある．

全量フラスコは，水平な机上に置いて，メニスカスが目盛線にあう位置まで，ピペットあるいはプラスチック製の洗瓶を用いて液体を加えていく．複数の種類の溶液を混合したり試薬を溶解したりすると，混合や溶解の前後で，溶液の体積がかなり変化することがある．そのような場合に備えて，フラスコのふくらみの範囲内でいったん加えるのを止めて軽く振り，内部の液体を均一にしたうえで，最終的にメニスカスを目盛線に一致させる．その際に，最後の少量をフラスコの首の内壁を伝わせて加え，しばらく静置してメニスカスが目盛線にあっていることを確認する．その後，全量フラスコを何度も逆さまにするなどして，液体を十分に混ぜる．途中で栓をもちあげ，すりの部分の溶液をフラスコ内部へ落とす．

ビュレットは支持台を用いて鉛直に設置する．最上部の目盛線よりも少し上まで液体を入れたうえで，メニスカスをその目盛線にあわせる．しばらく静置し，メニスカスが目盛線にあっていることを確認してから滴定を開始する．以下で述べる校正時の滴下速度を念頭に置いて，必要以上に速い速度で滴下しないようにする（液体がビュレットの内面に残らないように）．最後は1滴，あるいはそれ以下の大きさの滴を滴下して終点を決定する．その際にはビュレットの先端を受ける容器の内壁に軽く接触させて滴を落下させ，洗瓶の水で流し込む．最終的に，メニスカスのある部分の目盛を，最小目盛の大きさの1/10まで読んで記録する．

9.2.3　体積計の許容誤差

JIS R 3505−1994「ガラス製体積計」に，各種体積計の**許容誤差**（tolerance）が等級（クラスAとB）および**呼び容量**（nominal volume）（表示値）に応じて示されている．全量ピペットと全量フラスコの一部について**表9.2**と**表9.3**に例示する．市販品はこの基準を満たしている．

表9.2　全量ピペットの許容誤差の例（JIS R 3505–1994）

項目		呼び容量						
		0.5 mL以下	2 mL以下	5 mL以下	10 mL以下	20 mL以下	25 mL以下	50 mL以下
体積の許容誤差（mL）	クラスA	±0.005	±0.01	±0.015	±0.02	±0.03	±0.03	±0.05
	クラスB	±0.01	±0.02	±0.03	±0.04	±0.06	±0.06	±0.1

JIS R 3505–1994では，ほかに100 mL以下と200 mL以下が規定されている．

表9.3　全量フラスコの許容誤差の例（JIS R 3505–1994）

項目		呼び容量							
		5 mL	10 mL	25 mL	50 mL	100 mL	250 mL	500 mL	1000 mL
体積の許容誤差（mL）	クラスA	±0.025	±0.025	±0.04	±0.06	±0.1	±0.15	±0.25	±0.4
	クラスB	±0.05	±0.05	±0.08	±0.12	±0.2	±0.3	±0.5	±0.8

JIS R 3505–1994では，ほかに20 mL，200 mL，300 mL，2000 mL，2500 mL，3000 mL，5000 mL，10 000 mLが規定されている．

しかし，これらの値はある一定の手順で求められた許容誤差であるので，使い方次第では，許容誤差の範囲を超える可能性もある．正確な体積を得るためには，自分の使い方ではかり取った水の質量を，その温度での水の密度で割ることによって体積を算出するなど，自分で体積計を校正して用いる．

ビュレットにも許容誤差は設定されているが，個人のくせが反映されやすいので自分で校正することが多い．必要に応じた体積間隔（例えば5 mL間隔）で校正を行い，**図9.10**のように呼び容量に対して補正すべき値を示した補正図を作成して利用する．測定点の間は補間する．

9.2.4　温度の影響

溶液の体積に温度が影響を及ぼすので，精密な体積測定にはこれを意識する必要がある．水とエタノールの0 ℃～50 ℃での密度を**表9.4**に示した．20 ℃付近において，5 ℃あたりの密度の変化は，水で約0.1 %，エタノールで約0.5 %である．水に比べると有機溶媒の体膨張係数は一般に大きいので，有機溶媒を用いる場合には特に留意する必要がある．体積計は，使用する雰囲気下に2時

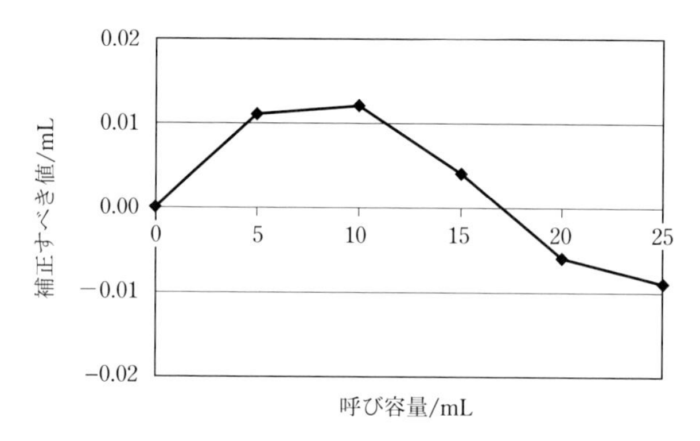

図9.10　25 mLビュレットの補正図の例

表9.4　水とエタノールの密度（g cm^{-3}）の温度依存性

温度/℃	水	エタノール
0	0.999 84	0.8062
5	0.999 96	0.8020
10	0.999 70	0.7978
15	0.999 10	0.7935
20	0.998 20	0.7892
25	0.997 04	0.7850
30	0.995 65	0.7807
35	0.994 03	0.7763
40	0.992 22	0.7719
45	0.990 21	0.7675
50	0.988 04	0.7629

間以上，できれば一晩以上置いてなじませてから用いる．また，扱う液体なども使用する雰囲気になじんでいる必要がある．

例題9.2

基準温度の20 ℃で正しく1 Lの体積をもつ全量フラスコに温度t(℃)で満たされた液は，20 ℃でどれだけの体積となるか？

解答

ガラスの体膨張係数をα，溶液の体膨張係数をβとすると，基準温度20 ℃で正しく1 Lの体積をもつ全量フラスコに温度t(℃)で満たした溶液の，20 ℃での体積V(mL)は

$$V = 1000 \times \frac{1 + \alpha(t-20)}{1 + \beta(t-20)}$$

で与えられる．**表9.5**に示す硬質ガラスの体膨張係数（$\alpha = 1.0 \times 10^{-5}\ \mathrm{K}^{-1}$）と希薄水溶液の体膨張係数（$\beta = 2.3 \times 10^{-4}\ \mathrm{K}^{-1}$）を代入すると，

$$\begin{aligned} V &= 1000 \times \frac{1 + 1.0 \times 10^{-5} \times (t-20)}{1 + 2.3 \times 10^{-4} \times (t-20)} \\ &\approx 1000 \times [1 + 1.0 \times 10^{-5} \times (t-20)] \times [1 - 2.3 \times 10^{-4} \times (t-20)] \\ &\approx 1000 \times [1 - 2.2 \times 10^{-4} \times (t-20)] \end{aligned}$$

となり，例えば，t=25 ℃であれば，V=998.8 mLと見積もられる．

表9.5　体積計に用いる材質の体膨張係数の例（JIS K 0050:2011）

材質	体膨張係数
石英ガラス	5.6×10^{-7}/K
硬質ガラス (Duran, Pyrex, Rasothermなど)	1.0×10^{-5}/K
軟質ガラス	2.70×10^{-5}/K
プラスチック	3.00×10^{-4}/K～6.00×10^{-4}/K （使用樹脂の体膨張係数を用いる）

9.3　標準物質・標準液

9.3.1　標準物質

標準物質（reference material）には校正用標準物質とマトリックス標準物質がある．前者の代表的なものは**容量分析用標準物質**（reference materials for volumetric analysis）や**標準液**（standard solution）であり，滴定液としてだけでなく，別の標準液の**標定**（standardization）・分析計の**校正**（calibration）・

検量線（calibration curve）の作成にも用いられる．後者は，分析方法などの**妥当性確認（バリデーション**，validation）に用いられるもので，可能な限り試料に近い組成のものを選ぶことにより，試料の前処理の妥当性や測定時の干渉の有無などの確認に用いられる．

正確な定量のために用いる標準物質は，通常は何らかの上位の基準・標準との比較に基づいてその特性値が決定されており，その連鎖が国際標準につながることで，信頼性が確保されている．上位の基準・標準につながることを，**トレーサビリティ**（10.4節参照）があるという．以下では，容量分析用標準物質および標準液について詳しく述べる．

9.3.2　容量分析用標準物質

容量分析の基準として用いることのできる高純度物質群が**表9.6**のように規定されている．トレーサビリティの明確なこれらの高純度物質を用いて，容量分析用の標準液（規定液とよばれることがある）を調製したり，他の溶液を標定したりする．調製または標定は使用者が自分の責任で，JIS K 8001:2009に示されている方法によって行う．

なお，NIST（アメリカ標準技術研究所）やNMIJ（国立研究開発法人 産業技術総合研究所 計量標準総合センター）などの国家計量標準機関から高純度物質の**認証標準物質**（certified reference material, CRM）が供給されており，市販の容量分析用標準物質の純度の値付けに用いられるほか，一般の分析室で標定などに用いることもできる．

図9.11に示す標準液調製の一般的な手順に従い，0.1 mol L^{-1}亜鉛標準液（Zn: 6.538 g L^{-1}）を調製する際の操作を以下に示す．

容量分析用標準物質である亜鉛の必要量を塩酸（1＋3），水，エタノールおよびジエチルエーテルで，順次洗った後，ただちに上口デシケーター（減圧デシケーター）に入れ，内圧2.0 kPa以下で数分間保った後，減圧下で約12時間乾燥する．その3.3 gを0.1 mgの桁まではかり取り，共通すり合せ三角フラスコ300 mLに移し，水25 mLおよび硝酸（1＋2）40 mLを加え，冷却管をつけて水浴上で加熱して溶かす．続いて，穏やかに煮沸して窒素酸化物を除いた後，放冷し，全量フラスコ500 mLに移す．溶かすのに使用した三角フラスコおよび冷却管を水洗し，洗液を先の全量フラスコ500 mLに加え，さらに水を標線

表9.6 容量分析用標準物質の純度および乾燥方法（JIS K 8005:2014，JIS K 8005:2006）

品目	純度（質量分率（%））	乾燥方法（亜鉛，銅，フッ化ナトリウム以外は，代表的な乾燥条件を用いているJIS K 8005:2006の方法を示す）
亜鉛	99.990以上	塩酸(1＋3)*1，水，エタノール(99.5)およびジエチルエーテルで順次洗った後，ただちに減圧デシケーター*2に入れて，デシケーター内圧2.0 kPa以下で数分間保った後，減圧下で約12時間保つ.
アミド硫酸	99.90以上	めのう乳鉢で軽く砕いた後，減圧デシケーター*2に入れ，デシケーター内圧2.0 kPa以下で約48時間保つ.
塩化ナトリウム	99.95以上	600 ℃で約60分間加熱した後，デシケーター*3に入れて放冷する.
シュウ酸ナトリウム	99.95以上	200 ℃で約60分間加熱した後，デシケーター*3に入れて放冷する.
炭酸ナトリウム	99.95以上	(600±10)℃で約60分間加熱した後，デシケーター*3に入れて放冷する.
銅	99.98以上	塩酸(1＋3)*1，水，エタノール(99.5)およびジエチルエーテルで順次洗った後，ただちに減圧デシケーター*2に入れて，デシケーター内圧2.0 kPa以下で数分間保った後，減圧下で約12時間保つ.
二クロム酸カリウム	99.98以上	めのう乳鉢で軽く砕いたものを150 ℃で約60分間加熱した後，デシケーター*3に入れて放冷する.
フタル酸水素カリウム	99.95～100.05	めのう乳鉢で軽く砕いたものを120 ℃で約60分間加熱した後，デシケーター*3に入れて放冷する.
フッ化ナトリウム	99.90以上	500 ℃で約60分間加熱した後，デシケーター*3に入れて30分間～60分間放冷する.
ヨウ素酸カリウム	99.95以上	めのう乳鉢で軽く砕いたものを130 ℃で約2時間加熱した後，デシケーター*3に入れて放冷する.

*1 JIS K 0050:2011によれば，塩酸のようないくつかの試薬については，“試薬名(a＋b)”または“化学式(a＋b)”と表示した場合には，試薬の体積aと水の体積bとを混合したものを意味する.
*2 JIS R 3503に規定する上口デシケーターに，JIS Z 0701に規定するシリカゲルA形1種を乾燥剤として入れ，減圧可能な附属品をつけたもの.
*3 JIS R 3503に規定するデシケーターで，乾燥剤にJIS Z 0701に規定するシリカゲルA形1種を用いたもの.

まで加えて混合した後，気密容器に入れて保存する．実際に計算通りの亜鉛をはかり取ることはできないので，ちょうど0.1 mol L^{-1}の亜鉛濃度にはならな

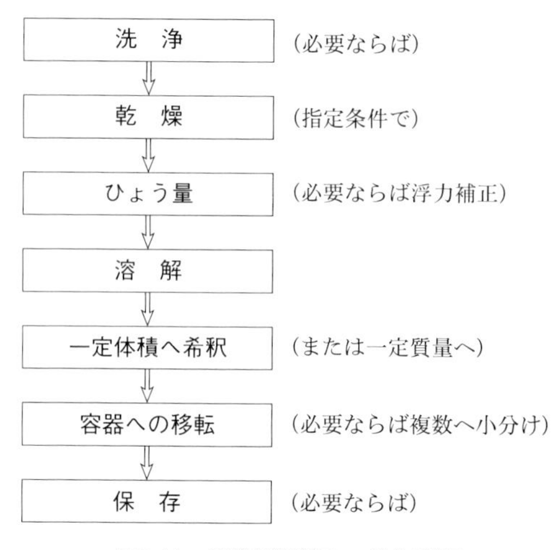

図9.11　標準液調製の一般的手順

い．そこで公称濃度（表示濃度）0.1 mol L^{-1}からのずれを**ファクター**として表す．その値は式(9.4)のように算出される．

$$f = \frac{m}{3.2690} \times \frac{A}{100} \tag{9.4}$$

ここで，fは0.1 mol L^{-1}亜鉛溶液のファクター，mははかり取った亜鉛の質量（g）（浮力補正済み），Aは亜鉛の純度（質量分率（%）），3.2690は0.1 mol L^{-1}亜鉛溶液500 mL中の亜鉛の相当質量（g）である．

9.3.3 標準液

湿式分析には，重量分析などを除き，標準液が必要である．現在では，いろいろな標準液が市販されているので，これをそのまま用いたり，必要に応じて希釈して用いたりできる．また，9.3.2項で示した容量分析用標準物質などから自分で調製することもある．さらに，例題10.5で示すように，自分で作製し，9.3.2項で示した容量分析用標準物質やそれらを溶かして調製した標準液などに基づいて標定して用いることもある．これらの中には，不安定であるために使用ごとに調製しなければならなかったり，保存容器に配慮が必要であったりする場合もある（**表9.7**）．

表9.7 用時調製または保存容器(JIS K 8001:2009)

指示されている内容	標準液の種類
「使用時の調製」を指示しているもの	亜硝酸塩標準液,アセトン標準液,シアン化物標準液,シュウ酸標準液,シュウ酸塩標準液,スズ標準液,チタン標準液,鉄(II)標準液,鉛標準液,フェノール標準液,ホルムアルデヒド標準液,マンノース標準液,ヨウ化物標準液,硫化ナトリウム標準液,硫化物標準液,水銀標準液
「ポリエチレン製瓶に保存」を指示しているもの	アルミニウム標準液,カリウム標準液,カルシウム標準液,ケイ酸塩標準液,ケイ素標準液,ナトリウム標準液,モリブデン標準液
「褐色ガラス製瓶に保存」を指示しているもの	銀標準液,チオシアン酸塩標準液,鉄標準液,鉄(III)標準液

表9.8 JCSSのロゴ付き証明書を付した標準液[*1](2014年1月現在の市販品)

	標準液の種類
金属標準液	Al, As, B, Ba, Bi, Ca, Cd, Co, Cr, Cs, Cu, Fe, Ga, Hg, In, K, Li, Mg, Mn, Mo, Na, Ni, Pb, Rb, Sb, Se, Sn, Sr, Te, Tl, V, Zn
非金属イオン標準液	SO_4^{2-},Cl^-,F^-,Br^-,NO_2^-,NO_3^-,PO_4^{3-},NH_4^+,陰イオン7種混合,硝酸性窒素,亜硝酸性窒素,アンモニア性窒素
有機化合物標準液	ホルムアルデヒド,揮発性有機化合物16種混合,揮発性有機化合物23種混合

*1 ほかにpH標準液があるがここでは示さない.

日本では,計量法の下での**計量標準供給制度**(Japan Calibration Service System, JCSS)に基づいて**表9.8**に示すような標準液が市販されており,適切な方法で希釈して使用することができる.これらの標準液については,供給者が国際的なルールに基づいて国家標準さらにはSI(10.5節参照)へのトレーサビリティを確保している.

9.3.4 標準液の保存

使用時に調製する場合は問題とならないが,調製してからある程度時間が経過した後に使用する場合には,保存にも留意が必要である.**図9.12**に1000 mg kg^{-1}の塩化物イオン標準液100 mLを100 mL高密度ポリエチレン容器に700日間保存した際の濃度変化を示す.濃度は徐々に増加しているが,質量の減少を補正すると一定であることから,容器壁を通して水分が蒸発して濃縮

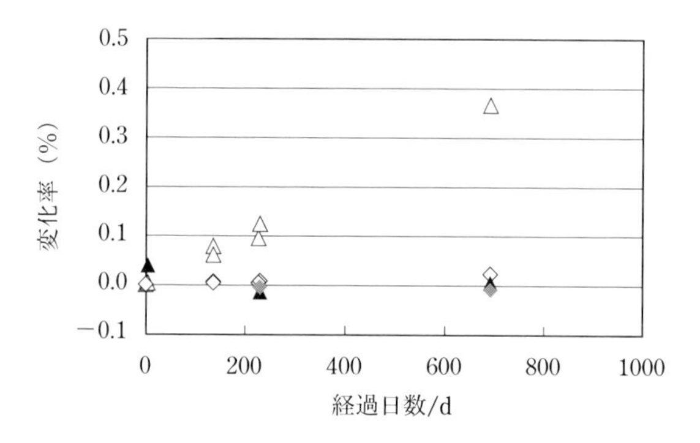

図9.12　標準液の保存安定性モニタリングの例
1000 mg kg^{-1}塩化物イオン標準液：100 mL，高密度ポリエチレン（HDPE）容器入り，室温と冷蔵.
▲：濃度変化−濃縮補正（25 ℃），△：濃縮（25 ℃），◆：濃度変化−濃縮補正（冷蔵），◇：濃縮（冷蔵）.

が起きたためと説明できる.

一般に，変化率は，25 ℃で保存した場合に，1 L高密度ポリエチレン容器で1年あたり0.05 %程度，100 mL高密度ポリエチレン容器で1年あたり0.2 %程度である．また，8 ℃で冷蔵保存した場合には，100 mL高密度ポリエチレン容器で1年あたり0.01 %～0.02 %程度である．このような変化率は，元素，イオンの種類にあまり依存しないが，Hg(II)やシアン化物イオン，亜硝酸イオンのように不安定な場合や，分解の可能性がある有機物，酸化数の変化が起きる可能性のある金属イオン（As(III), Cr(VI), Se(IV)など）の場合はより大きく変化する可能性があるので，個別の注意が必要である.

9.3.5　標準液の混合

異なる種類の標準液を混合する場合には，原料物質の溶解に用いている酸や塩基，さらには対イオンに注意が必要である．Sb(III)やSn(IV)の標準液は通常は塩酸溶液とするが，これらの溶液を硝酸溶液で希釈すると沈殿が生じるので避けるべきである．塩酸溶液中ではクロロ錯体として溶解しているのに対して，希釈によって塩化物イオン濃度が低下すると，酸の濃度が同じでも加水分解するためである．そのほかに，Pb(II)やBa(II)と硫酸イオン，Ag(I)とハロゲン化物イオン，Pb(II)やBi(III)と塩化物イオン，Ca(II)とフッ化物イオンなどの組み合わせも沈殿を生成する可能性があるので注意が必要である．

複数の種類の市販標準液を用いて混合標準液を作る場合があるが，酸の組み合わせのほか，標準液中の不純物に注意する必要がある．濃度水準が桁違いの場合は，ある標準液の目的成分が別の標準液に不純物として含まれていて濃度に影響を与える場合があるので，事前に確認する．

9.4 pH測定

pHは溶液の性質を表す重要なパラメータの1つであり，水溶液の試料を取り扱う際には常に意識しなければならないパラメータである．水素イオンのかかわる酸塩基平衡については3章で述べたが，4章以降で学んだことも前提として，**pH測定**（pH measurement）について述べる．

9.4.1 pHの定義

計量標準の**pH**は，「溶液中の溶媒和した水素イオンの相対活量a_{H}(2.6節参照)の常用対数にマイナス符号をつけたもの」と定義されている．

$$\mathrm{pH} = -\log a_{\mathrm{H}}$$

一般に溶液の性質は陽イオンと陰イオン両方によって決まるため，水素イオンだけの活量を測定することは原理的には不可能である．実際には，メートル条約下の合意に基づいて，特定の緩衝液のpH値を**Harnedセル法**（Harned-cell method）によって決定する．このような緩衝液を出発とした連鎖により，表3.1に示したような実用pH標準液が製造・値付けされており，これを用いて校正したpH計を使ってpHを測定することができる．

なお，測定されたpH値と$-\log[\mathrm{H}^+]$の間には，式(2.14)に従って次の関係がある．

$$\log a_{\mathrm{H}} = \log[\mathrm{H}^+] + \log \gamma_{\mathrm{H}}$$
$$\mathrm{pH} = -\log[\mathrm{H}^+] - \log \gamma_{\mathrm{H}}$$

つまり，pHは$-\log[\mathrm{H}^+]$に比べて$-\log \gamma_{\mathrm{H}}$($\gamma_{\mathrm{H}} < 1$なので$-\log \gamma_{\mathrm{H}} > 0$)だけ大きい値となる．

9.4.2　pH計

ガラス電極と参照電極を被検液に浸して**電位差計（ポテンシオメーター，potentiometer）**を用いて両極間の電位差を測定することによってpHを測定できる．現在ではガラス電極と参照電極を一体にした**複合ガラス電極（図9.13）**が多く用いられ，電位差計とあわせた全体を**pH計（図9.14，**3.7節参照）とよぶ．ガラス電極の内部電極および参照電極には銀塩化銀電極（例題6.2参照）が，内部液AとBには飽和塩化カリウム（25 ℃）あるいは3.3 mol L^{-1}塩化カリウム（25 ℃）が用いられることが多い．このとき，ガラス電極の電位E(V)は理想的には式(9.5)で示すようなネルンストの式（6.2節参照）で表され，pHの1の変化は約0.06 Vの電位の変化に対応する．

$$
\begin{aligned}
E &= E^\circ + \frac{RT}{F}(\ln 10) \times \log a_{\mathrm{H}} \\
&= E^\circ - \frac{RT}{F}(\ln 10) \times \mathrm{pH} \\
&= E^\circ - 0.0592\,\mathrm{pH}\ (25\ ℃)
\end{aligned}
\tag{9.5}
$$

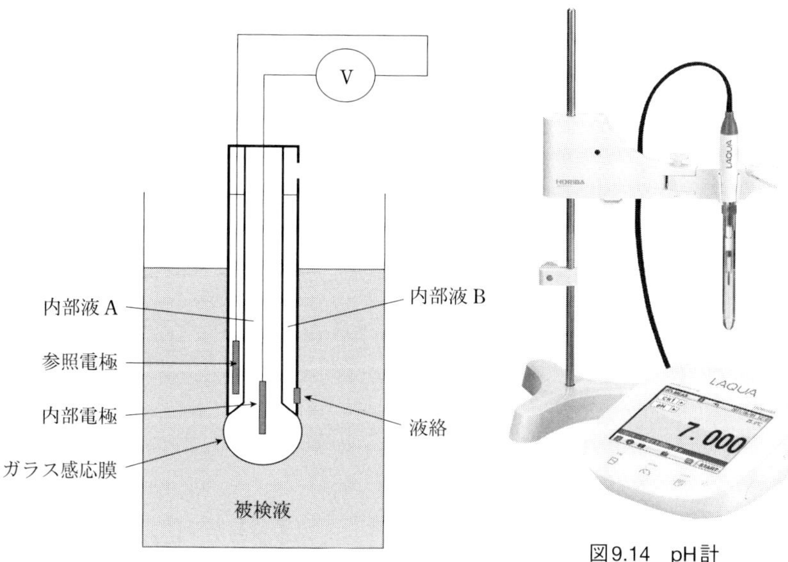

図9.13　複合ガラス電極を用いるpH計

図9.14　pH計
［写真提供：株式会社堀場製作所］

ガラス感応膜の電気抵抗は数十MΩから数百MΩ程度と大きいので，測定には内部抵抗がかなり大きい電位差計を用いなければならない．内部抵抗が小さいと，測定回路に大きな電流が流れ，電圧降下による誤差が生じるためである．ガラス電極では，ガラス電極膜における水素イオンの移動による起電力を用いてpHを測定している．そのため，イオンの酸化還元による起電力を用いる水素電極の場合と比較して，酸化剤や還元剤の影響を受けにくいという利点がある．一方，pH値が11以上の測定に対しては，通常のガラス電極では**アルカリ誤差**を生じ，その測定値が低く出るおそれがある．これは，アルカリ性を維持するために共存しているナトリウムイオンなどのアルカリ金属イオンに対してもガラス電極が応答するためである．参照電極の液絡における液間電位差の影響については他書を参照してほしい．

起電力は式(9.5)で示したように温度の影響を受けるので，pH標準液を用いてpH計の校正を行った温度と測定温度が異なる場合に，その影響を自動的に補償する機能（温度補償）がpH計についていることが多い．ただし，厳密には溶液のpHの温度依存性は溶液組成によって異なるので，正確なpH測定のためには測定温度は一定であることが望ましい．

9.4.3　pH計の校正と測定

ガラス電極を用いたpH計の校正と水溶液のpHの測定方法は以下の通りである．使用前にあらかじめpH計の電源を入れ，検出部は水で繰り返し3回以上洗い，きれいなろ紙，脱脂綿などでぬぐっておく．特に汚れている場合には，洗剤，0.1 mol L^{-1} 塩酸などで短時間洗った後，流水で十分に洗う．長く乾燥状態にあったガラス電極は，あらかじめ一晩水中に浸した後に使用する．

pH標準液（表3.1）を用いて，以下に示す**ゼロ校正**と**スパン校正**とを交互に行い，それらのpH値が±0.005で認証書や校正証明書の値と一致するまで校正する．校正に用いるpH標準液の温度の測定精度±0.1 ℃および校正を行っている間の液温の安定性±0.2 ℃を確保する．

ゼロ校正：検出部を中性リン酸塩pH標準液に浸し，その温度に対応する値にあわせることにより校正を行う．なお，温度補償機能がある場合は，設定をpH標準液の温度にあわせる．

スパン校正：試料溶液のpH値が7以下の場合には，検出部をフタル酸塩pH標準液またはシュウ酸塩pH標準液に浸し，pH標準液の温度に対応する値にあわせることにより校正を行う．試料溶液のpH値が7を超える場合には，検出部をリン酸塩pH標準液，ホウ酸塩pH標準液または炭酸塩pH標準液に浸し，同様に校正を行う．

pH計を校正した後に電極を洗浄し，ただちに試料溶液のpH測定を行う．試料溶液の量は，測定値が変化しない程度に十分にとる必要がある．

第10章　分析値の取り扱い

10.1　分析対象成分・測定量・測定値・分析値

例えば水道水中の残留塩素濃度を測定する場合，試料としての水道水は塩化物イオンも含んでいることが想定されるが，着目している単体塩素のことを**分析対象成分**（analyte，**分析種**ともいう）とよぶ．また，定量分析においては，単に分析対象成分のみならず，測ろうとしている量すなわち**測定量**（measurand）を明確にする必要がある．例えば酸塩基滴定では，強酸のHClとHNO_3の区別はできず，測定量は「酸の濃度」となる．

通常は同一試料について複数回測定することによって信頼性を高めるが，その際の個々の値を**測定値**（measured value）とよび，複数の測定値について統計的な処理を行い，平均値に不確かさを付して示すものを**分析値**（analytical value）とよぶ．必要な場合には平均値に対して系統誤差の補正などが行われる．これらの用語の用例を**表10.1**に示す．

10.2　精度・誤差・真度・精確さ・不確かさ

同じ量xを繰り返し測定したときに，一般にばらつきが現れる．個々のデー

表10.1　単体塩素と塩化物イオンを含む水溶液を例とした場合の用例

	事例1	事例2
分析対象成分	単体塩素	塩化物イオン
測定量*1	単体塩素の物質量濃度	塩化物イオンの質量濃度
測定値	0.12，0.10，0.12，0.14（$mol\ L^{-1}$）	25.1，24.8，25.6，24.5（$g\ L^{-1}$）
分析値*2	0.12（合成標準不確かさ0.03）（$mol\ L^{-1}$）	25.0（合成標準不確かさ2.0）（$g\ L^{-1}$）

*1　厳密には温度条件なども規定されなければならない．
*2　平均値の場合が多い．

タx_i，その平均値$\bar{x}$およびデータ数nを用いて式(10.1)によって算出される**実験標準偏差**（experimental standard deviation）sを，その分析の**精度**（precision）あるいは**繰り返し性**（repeatability）とよぶ．sの値が小さいほど精度がよいことになる．

$$s = \sqrt{\frac{\sum_i (x_i - \bar{x})^2}{n-1}} \qquad (10.1)$$

真の値は未知で観念的なものであるが，仮に真の値が既知であるとした場合，測定値から真の値を引いた符号をもつ差を**誤差**（error）とよぶ．誤差には，**偶然誤差**（偶然のばらつきによる変動）と**系統誤差**（可能な限り系統誤差は補正されるが，一般に補正しきれない系統誤差が残る）がある．誤差の絶対値が小さくて優れている程度を**真度**（trueness）とよぶ．精度と真度の組み合わせによって，測定値の確率分布には**図10.1**のAからDのような場合が考えられる．精度と真度がともに優れている程度を**精確さ**（accuracy）とよぶが，精確さは数値では表すことができない．

誤差が偶然誤差だけならば，無限回測れば平均値は真の値になるはずである．図10.1の例では，精度はAとCではよいが，BとDでは悪い．AとBは系統誤差のない場合で，偶然誤差によって個々の値が決まる．一方，CとDは系統誤

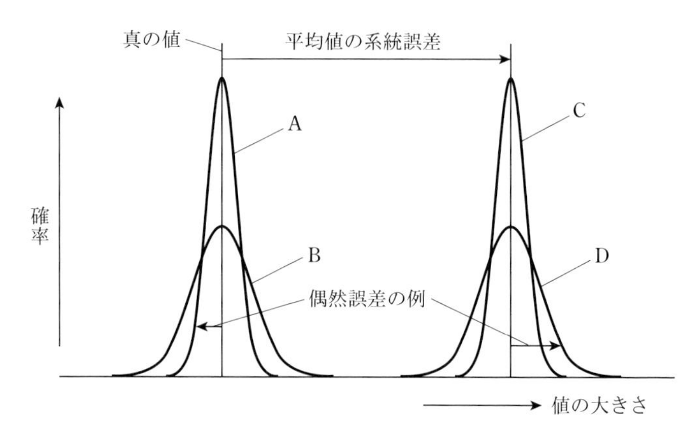

図10.1　精度と真度および誤差を説明する確率分布図
A：精度良，真度良，B：精度悪，真度良，C：精度良，真度悪，D：精度悪，真度悪．

差のある場合で，平均値をとっても真の値との差があり，その差が平均値の系統誤差にあたる．

最近では，真の値の存在する範囲を推定する尺度として，**不確かさ**（uncertainty）という概念が普及している．測定の繰り返し性のほかに，精確さに影響を与えるさまざまな要因を加味して，全体としての結果の信頼性を数値化したものが不確かさである．例えば「0.1 mol L^{-1}の濃度の相対拡張不確かさが0.030 %であり，これは合成標準不確かさと包含係数2から決定された拡張不確かさである」などと表現される．これは，濃度が0.099 97 mol L^{-1}から0.100 03 mol L^{-1}の間にある確率が約95 %であるということを意味している．不確かさの詳細は他の成書などを参照してほしい．

10.3　数値の丸め方と有効数字

測定装置などが測定値として多くの桁を示してもばらつきがあるので，その一部は実質的に意味のない数字となる場合もある．位取りを示すだけの0を除いた，明確な意味のある数字を**有効数字**（significant figure）とよぶ．

例題10.1

同一の試料中のある成分の濃度（質量分率）を4回繰り返し測定し，

21.7851 mg kg^{-1}

21.9426 mg kg^{-1}

22.5602 mg kg^{-1}

21.0775 mg kg^{-1}

という結果が出た．平均値を適切な桁数で示せ．

解答

これら4つの測定値の平均値は，21.8414 mg kg^{-1}，実験標準偏差は0.6093 mg kg^{-1}と算出される．実験標準偏差が小数点以下1桁目でかなりの値(6)をもっているので，この分析値は21.8 mg kg^{-1}（実験標準偏差0.6 mg kg^{-1}）と判断でき，有効数字は3桁とする．

このように数値を意味のある桁までとする作業を，「数値を丸める」とよぶ．例題10.1では小数点以下第2位で四捨五入しており，0.1を丸めの幅として，平均値と標準偏差をその整数倍で示したことになる．なお，これが最終結果でなければ，有効数字は4桁として21.84 mg kg^{-1}（実験標準偏差0.61 mg kg^{-1}）としておいてもよい．

実際の分析では，計測した複数の値から計算によって測定値を求める場合が多く，さまざまな有効数字の桁数をもつ数値間の加減乗除を行うことになる．加減乗除の計算結果の有効数字をどのように考えるかを以下に示す．

（1）加減の場合

（1）

$$\begin{array}{r} 123.4 \\ +\ \ 12.341 \\ \hline 135.741 \end{array} \rightarrow 1.357\times10^2$$

（2）

$$\begin{array}{r} 123.456 \\ -\ \ 12.3 \\ \hline 111.156 \end{array} \rightarrow 1.112\times10^2$$

（3）

$$\begin{array}{r} 1234.5 \\ 123.45 \\ +\ \ 12.344 \\ \hline 1370.294 \end{array} \rightarrow 1.3703\times10^3$$

各値の最終桁のうちもっとも上位の桁までとするのが合理的である．

（2）乗除の場合

（1）

$$\begin{array}{r} 9.9 \\ \times\ \ 999 \\ \hline 9890.1 \end{array} \rightarrow 9.9\times10^3$$

（2）

$$\begin{array}{r} 1.0 \\ \times\ \ 994 \\ \hline 994.0 \end{array} \rightarrow 9.9\times10^2$$

→あるいは 1.0×10^3

（3）

$$\begin{array}{r} 99 \\ \times\ \ 111 \\ \hline 10989 \end{array} \rightarrow 1.10\times10^4$$

（4）

$$\begin{array}{r} 9.9 \\ \times\ \ 234 \\ \hline 2316.6 \end{array} \rightarrow 2.32\times10^3$$

桁数の少ない方の桁数にあわせることが基本である．しかし，桁数の少ない方の相対的な誤差がかけ算の結果に影響を与えて情報を失わせることのないように，1桁多くすることが合理的なこともある．(1)では実質的に2桁である．(2)では，原則に従って9.9×10^2としてよいが，1.0×10^3としても構わない．(3)と(4)では，最小桁数の値にあわせて機械的に2桁表示とすると情報が失われるので，3桁表示が適切である．わり算の場合も同様の考え方ができるし，3

つ以上の数値のかけ算やわり算の場合にも，もっとも桁数の少ない数値の桁数が基準となる．

上述のように数値を丸める場合には該当する桁の数字を四捨五入することが多いが，端数なしでちょうど5の場合にいつも四捨五入すると，結果として正の誤差が入りがちである．これを避けるために，四捨五入ではなく，丸めた数値の最終桁が偶数になるようにする処理法が採用されることもある（JIS Z 8401:1999およびJIS Z 8202−0:2000）．例えば，丸めの幅0.1で丸める場合には，与えられた数値15.25を15.2，与えられた数値15.35を15.4とするものである．

丸めは1段階で行う．例えば，幅0.1で丸めるならば，15.246→15.25→15.3のようにはせずに，15.246→15.2のようにする．負の数値を対象とする場合は，その絶対値に適用する．また，個々の数字を丸めてから計算すると，特に四捨五入の規則に従って丸めた場合には，下記の例のように誤差が増えることもあるので，多めの桁まで計算してから，有効数字として採用する桁で丸める．

（例）

元の値	和の前に四捨五入の規則に従って丸めた場合
1234.2	1234.2
123.45	123.5
12.35	12.4
1.25	1.3
＋　0.15	0.2
1371.40 → 1371.4	1371.6

10.4　トレーサビリティ

分析や計測におけるもっとも重要な点の1つは，ある時間・空間の範囲内で得られた結果の間に**コンパラビリティ**（比較可能性，comparability）があることである．そのためには，分析や計測を行う際に，何らかの基準や標準を用いて比較を行うことが不可欠である．さらに，時間・空間を超えて他と比べる必要がある場合には，その基準や標準は，さらに上位の信頼性のある何かに基づいて定められていなければならない．例えば，キログラム原器は質量を天びん

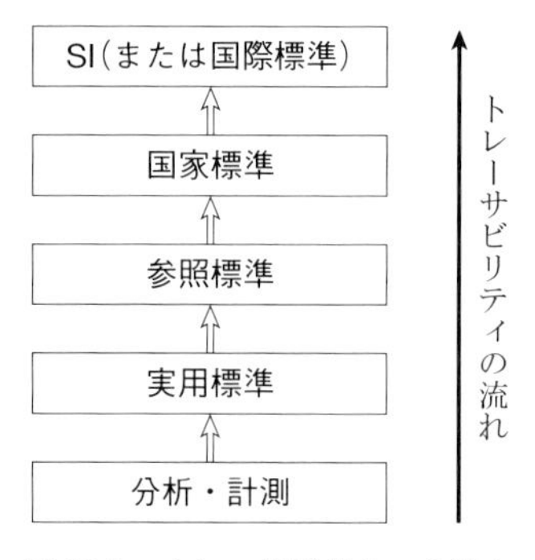

図10.2　トレーサビリティの流れ

で量ったときの値が正しいことの根拠の根幹である．このような「比較を通じて上位の基準や標準に対して不確かさの大きさを伴うつながりがある」という性質が，**計量計測トレーサビリティ**（metrological traceability）である．誤解がなければ単にトレーサビリティともよばれる．上位の基準や標準を**トレーサビリティ源**とよび，究極のトレーサビリティ源である国際標準の代表がSI（10.5節参照）である．SIへのトレーサビリティがあることをSIトレーサブルであるという．**図10.2**に一般的なトレーサビリティの流れを示した．トレーサビリティがいつも必要とは限らず，商取引などの必要に応じて評価される．

10.5　SI

量は，可能な限り**国際単位系**（le Système international d′unités（**SI**））[*1]に従い，その大きさを表す数値と単位の積として示される．数値と単位の間には，両者の積を意味する空白が置かれる．例えば，質量1.0 kgの分銅などとする．無名数の量（みかけ上単位のない量）の値の単位は1であるとする．**SI基本量**および**SI基本単位**の名称と記号を**表10.2**に示す．

表10.2の1番目の欄は基本量の名前，2番目の欄は基本単位の名前，3番目の欄は単位の記号を示している．例えば物質量の単位はモル，その記号はmol

[*1] SIはフランス語の頭字語であり，対応する英語はthe International System of Unitsであるが，英語表記においてもSIと表す．

表10.2 SI基本量とSI基本単位

基本量の名前	基本単位の名前	単位の記号
長さ（length）	メートル（metre）	m
質量（mass）	キログラム（kilogram）	kg
時間（time, duration）	秒（second）	s
電流（electric current）	アンペア（ampere）	A
熱力学温度（thermodynamic temperature）	ケルビン（kelvin）	K
物質量（amount of substance）	モル（mole）	mol
光度（luminous intensity）	カンデラ（candela）	cd

である．また，SI基本単位の現行の定義を**表10.3**に示す．例えば，長さの単位については，18世紀末にフランスにおいて，「地球の子午線全周長を4千万分の1にした長さ」を1メートルと決めることによって統一が図られた．その後，メートル原器の制定などを経て，現在では真空中の光速をもとにして定義するというように，精密さを向上させるために，絶えず見直しが行われており，今後も変わる可能性がある．

量には，基本量のほかに，基本量を組み合わせた**組立量**があり，基本単位の積または商で定義される**組立単位**を単位として表される．組立量と組立単位の一部の例を**表10.4**に示す．

組立量のなかでも**表10.5**に示す22個は，固有の名前と単位記号が認められている．例えばエネルギーの組立単位の記号$m^2\ kg\ s^{-2}$は1つの単位記号Jや基本単位と組立単位を組み合わせた単位記号N mとして表すこともできる．温度については，他の単位と組み合わせた組立単位の記号の中で℃ではなくKを用いる．

単位記号の積および指数を作る場合は，通常の代数の乗除の規則を適用する．積は空白あるいは中間ドットを置いて示す．例えば，m sやm・sとする．なお，mは単位記号にもSI接頭語（後述）のどちらにも使われるので，msとするとmは接頭語のミリを表す．単位記号の商には水平線，斜線（/）または負のべき指数を用い，$\frac{m}{s^2}$，m/s^2または$m\ s^{-2}$のように示される．また$m \cdot s^{-2}$でもよい．複数の単位記号を組み合わせるときには，括弧や負のべき指数を用

表10.3　SI基本単位の定義

量の名前	定義
長さ (length)	単位メートルは，1秒の299 792 458分の1の時間に光が真空中を伝わる行程の長さである．
質量 (mass)	キログラムは質量の単位であって，単位の大きさは国際キログラム原器（**図10.3**）の質量に等しい．
時間 (time, duration)	単位秒は，セシウム133の原子の基底状態の2つの超微細構造準位の間の遷移に対応する放射の周期の9 192 631 770倍の継続時間である．
電流 (electric current)	単位アンペアは，真空中に1メートルの間隔で平行に配置された無限に小さい円形断面積を有する無限に長い2本の直線状導体のそれぞれを流れ，これらの導体の長さ1メートルにつき2×10^{-7}ニュートンの力を及ぼし合う一定の電流である． この定義の結果，磁気定数または真空の透磁率の値は正確に$4\pi \times 10^{-7}$ H m^{-1}である．
熱力学温度 (thermodynamic temperature)	単位ケルビンは，水の三重点の熱力学温度の1/273.16である．
物質量 (amount of substance)	単位モルは，0.012キログラムの炭素12の中に存在する原子の数に等しい数の要素粒子を含む系の物質量であり，単位の記号はmolである．
光度 (luminous intensity)	単位カンデラは，周波数540×10^{12}ヘルツの単色放射を放出し，所定の方向におけるその放射強度が1/683ワット毎ステラジアンである光源の，その方向における光度である．

[出典：国際度量衡局（BIPM）が公表した『国際単位系（SI）第8版』を産業技術総合研究所 計量標準総合センター 国際単位系（SI）日本語版刊行委員会が翻訳したもの]

表10.4　組立量と組立単位の例

組立量の名前	組立単位の名前	組立単位の記号
面積	平方メートル	m^2
体積	立方メートル	m^3
速さ，速度	メートル毎秒	m s^{-1}
波数	毎メートル	m^{-1}
質量密度	キログラム毎立方メートル	kg m^{-3}
濃度	モル毎立方メートル	mol m^{-3}
質量濃度	キログラム毎立方メートル	kg m^{-3}
屈折率	（数字の）1	1

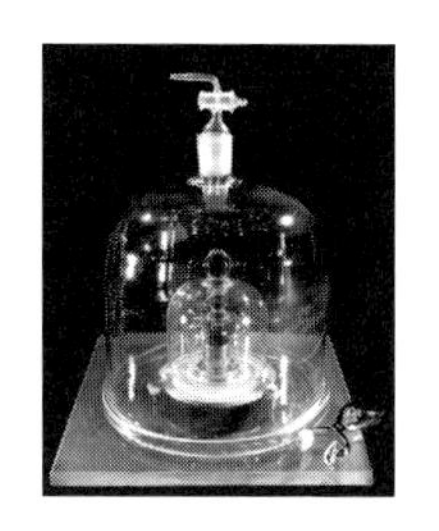

図10.3　国際キログラム原器（the international prototype of the kilogram (IPK)）
[photograph courtesy of the BIPM（写真はBIPMから転載許可を受けたもの）]

表10.5 固有の名前と記号をもつ22個のSI組立単位

組立量の名前	組立単位の名前	組立単位の記号	他のSI単位及びSI基本単位による表し方
平面角	ラジアン	rad	$m/m=1$
立体角	ステラジアン	sr	$m^2/m^2=1$
周波数	ヘルツ	Hz	s^{-1}
力	ニュートン	N	$m\,kg\,s^{-2}$
圧力，応力	パスカル	Pa	$N/m^2=m^{-1}\,kg\,s^{-2}$
エネルギー，仕事，熱量	ジュール	J	$N\,m=m^2\,kg\,s^{-2}$
仕事率，放射束	ワット	W	$J/s=m^2\,kg\,s^{-3}$
電荷，電気量	クーロン	C	$s\,A$
電位差（電圧）	ボルト	V	$W/A=m^2\,kg\,s^{-3}\,A^{-1}$
静電容量	ファラド	F	$C/V=m^{-2}\,kg^{-1}\,s^4\,A^2$
電気抵抗	オーム	Ω	$V/A=m^2\,kg\,s^{-3}\,A^{-2}$
コンダクタンス	ジーメンス	S	$A/V=m^{-2}\,kg^{-1}\,s^3\,A^2$
磁束	ウェーバ	Wb	$V\,s=m^2\,kg\,s^{-2}\,A^{-1}$
磁束密度	テスラ	T	$Wb/m^2=kg\,s^{-2}\,A^{-1}$
インダクタンス	ヘンリー	H	$Wb/A=m^2\,kg\,s^{-2}\,A^{-2}$
セルシウス温度	セルシウス度	℃	K
光束	ルーメン	lm	$cd\,sr=cd$
照度	ルクス	lx	$lm/m^2=m^{-2}\,cd$
放射性核種の放射能	ベクレル	Bq	s^{-1}
吸収線量，比エネルギー分与，カーマ	グレイ	Gy	$J/kg=m^2\,s^{-2}$
線量当量，周辺線量当量	シーベルト	Sv	$J/kg=m^2\,s^{-2}$
酵素活性	カタール	kat	$s^{-1}\,mol$

いて曖昧さを避け，括弧を使わない限りは1つの表現の中で用いる斜線は一度までとする．具体的には，$m^2\,kg/(s^3\,A^2)$や$m^2\,kg\,s^{-3}\,A^{-2}$や$m\,kg\,s^{-3}/A^2$はよいが，$m^2\,kg/s^3/A^2$や$m^2\,kg/s^3\,A^2$や$m^2\,kg/s^3\,A^{-2}$は使うことができない．なお，個別の単位記号の並び順には，負の累乗を含めてルールはない．

濃度の単位記号として，mol/L，$mol\,L^{-1}$，$mol\,dm^{-3}$，mol/m^3，$mol\,m^{-3}$，$mol{\cdot}m^{-3}$などはいずれも使用可能であるが，ある程度は分野などでの習慣に従うことになる．$m^{-3}\,mol$も可能であるが，普通は使わない．なお，$mol\,dm^{-3}$

の代わりにMを使うことは現在では避けるべきとされている.

すでにここまでにも使っているが，大きい量や小さい量を表すために，**表10.6**の接頭語がSI単位と組み合わせて用いられる．例えば10^3 mをkmと，10^{-6} mをμmとすることができる．また，$10\ \mathrm{V\ cm^{-1}} = 1000\ \mathrm{V\ m^{-1}} = 1\ \mathrm{kV\ m^{-1}}$であり，$1.0 \times 10^3\ \mathrm{V\ m^{-1}}$のように有効数字を示すことも可能である．mmol $\mathrm{mL^{-1}}$やμmol $\mathrm{mL^{-1}}$は禁じられてはいないが，mol $\mathrm{L^{-1}}$やmmol $\mathrm{L^{-1}}$のように接頭語の少ない表現が望ましい.

接頭語は2つ以上重ねない．例えば10^{-9} gを意味するngはmμgのようには表さない．kgは例外で，はじめから接頭語kがついたものが基本単位に選ばれているので，接頭語をつける場合にはgにつける．また，kg $\mathrm{kg^{-1}}$は敢えてg $\mathrm{g^{-1}}$とすることなく普通に用いることができる.

合成された単位記号に正負のべき指数をつけることができ，例えば，$\mathrm{dm^3} = (10^{-1}\ \mathrm{m})^3 = 10^{-3}\ \mathrm{m^3}$である．密度の単位は$\mathrm{kg\ m^{-3}}$が基本であるが，$\mathrm{kg\ kL^{-1}}$（$\mathrm{g\ L^{-1}}$と同じ）のほか，$\mathrm{g\ cm^{-3}}$や$\mathrm{kg\ dm^{-3}}$も可能である.

単位記号や単位名としては，決められたものを使わなければならない．例えばsや秒の代わりにsec, $\mathrm{cm^3}$や立方センチメートルの代わりにcc, $\mathrm{m\ s^{-1}}$やメートル毎秒の代わりにmpsを用いることなどは許されない.

例えば，ペットボトル飲料の体積は日本では500 mLのものが普通であるが，メートル法の発祥地フランスでは50 cLとの表示が一般的である.

表10.6　SI接頭語（JIS Z 8203:2000）

乗数	名前	記号	乗数	名前	記号
10^1	デカ（deca）	da	10^{-1}	デシ（deci）	d
10^2	ヘクト（hecto）	h	10^{-2}	センチ（centi）	c
10^3	キロ（kilo）	k	10^{-3}	ミリ（milli）	m
10^6	メガ（mega）	M	10^{-6}	マイクロ（micro）	μ
10^9	ギガ（giga）	G	10^{-9}	ナノ（nano）	n
10^{12}	テラ（tera）	T	10^{-12}	ピコ（pico）	p
10^{15}	ペタ（peta）	P	10^{-15}	フェムト（femto）	f
10^{18}	エクサ（exa）	E	10^{-18}	アト（atto）	a
10^{21}	ゼタ（zetta）	Z	10^{-21}	ゼプト（zepto）	z
10^{24}	ヨタ（yotta）	Y	10^{-24}	ヨクト（yocto）	y

10.6　非SI単位

SIでは，非SI単位の使用の自由を認めており，今後も長く使われる非SI単位があることを想定している．SI単位との併用が認められている非SI単位を**表10.7**に示す．

このうち，体積の単位リットルの記号は大文字Lと小文字lのどちらも使用可能であるが，SIではLが推奨されている．筆記体のエルは用いない．SI単位が優先して使われるべきであるが，実際にはこのほかにもバール(bar)，水銀柱ミリメートル（mmHg），オングストローム（Å）などの特殊な分野で使われる非SI単位がある．SI単位と非SI単位を混ぜて使うことは避ける．また，表10.7のはじめの9つ以外の非SI単位を使用する際は，単位の定義をSI単位で与えなければならないとされている．例えば，$1\ \mathrm{eV} = 1.602\,176\,53 \times 10^{-19}\ \mathrm{J}$とする．また，推奨されないけれども実際に使われている多くの非SI単位があり，そのような単位については，換算係数の表がBIPMのウェブサイトから入手できる（www.bipm.org/en/si/si_brochure/chapter4/conversion_factors.html）．

表10.7　SI単位との併用が認められている非SI単位

量の名前	単位の名前	単位の記号	SI単位による値
時間	分	min	1 min＝60 s
	時	h	1 h＝60 min＝3600 s
	日	d	1 d＝24 h＝86 400 s
平面角	度	°	1°＝(π/180) rad
	分	′	1′＝(1/60)°＝(π/10 800) rad
	秒	″	1″＝(1/60)′＝(π/648 000) rad
面積	ヘクタール	ha	$1\ \mathrm{ha} = 1\ \mathrm{hm}^2 = 10^4\ \mathrm{m}^2$
体積	リットル	Lまたはl	$1\ \mathrm{L} = 1\ \mathrm{l} = 1\ \mathrm{dm}^3$
質量	トン	t	$1\ \mathrm{t} = 10^3\ \mathrm{kg}$
エネルギー	電子ボルト	eV	実験的に得られる
質量	ダルトン	Da	実験的に得られる
	統一原子質量単位	u	1 u＝1 Da
長さ	天文単位	ua	実験的に得られる

10.7　量の表し方の規則

量を表現するために，いろいろな規則があるので，それを以下に示す．

- 量を記号（**量記号**）で表す場合は一般にイタリック体（斜体）の1文字を用いる．例えば，時間 t などとする．上付き，下付きの添え字（立体）や括弧内記述を用いて，情報を追加してもよい．この際，添え字自体が物理量の場合はこれも斜体とする．例えば，定圧熱容量 C_p である．
- 単位記号はローマン体（立体）で表す．例えば，時間 $t = 10\ \mathrm{s}$ などとする．
- 量記号は特定の単位に縛られるものではなく，量の値としては同一であっても，単位の選択に依存して量の数値は変化する．例えば，速さの量の値 v について，$v = 20\ \mathrm{m\ s^{-1}} = 72\ \mathrm{km\ h^{-1}}$，温度 t について $t = 25\ °\mathrm{C} = 298.15\ \mathrm{K}$ のようになる．ただし，特殊な状況下において，単位を特定して量記号を用いることも時には行われている．
- 異なる量が同じSI単位をとることもあるので，単位だけでなく量の名前を明確に示す必要がある．例えば，質量密度と質量濃度は $\mathrm{kg\ m^{-3}}$，ヘルツとベクレルは $\mathrm{s^{-1}}$，熱容量とエントロピーは $\mathrm{J\ K^{-1}}$ のように同じ単位をもつ．
- 量記号の乗除には ab，$a\ b$，$a{\bullet}b$，$a \times b$，a/b，$\dfrac{a}{b}$，ab^{-1}，$a\ b^{-1}$，$a{\bullet}b^{-1}$，$a \times b^{-1}$ を用いることができる．$a/b+c$ は $(a/b)+c$ を意味し，$a/(b+c)$ とは区別しなければならない．また，$a/b/c$ は曖昧なので $(a/b)/c$, $a/(b\ c)$ などとする．
- 量の値の数値と単位は通常の乗除の規則に従って扱えばよい．例えば，量記号 T を量の値であると考え，$T = 298\ \mathrm{K}$ を $T/\mathrm{K} = 298$ と書くことができる．図の軸上では，T/K や $T/°\mathrm{C}$ などと表す．また，対数表現の中で $\ln(p/\mathrm{MPa})$ のように用いたり，図の軸上などで $10^3\ \mathrm{K}/T$ や kK/T や $10^3\ (T/\mathrm{K})^{-1}$ のように使ったりする．
- 量の値の積には中間ドットは用いないで，積の記号×か括弧( )のどちらかを用いる．例えば $(0.5\ \mathrm{mol/L}) \times 1.2\ \mathrm{L}$, $(0.5\ \mathrm{mol/L}) \times (1.2\ \mathrm{L})$, $(0.5\ \mathrm{mol/L})(1.2\ \mathrm{L})$ とする．数だけを掛けるときは記号×を用いる．量の値の商を求めることを斜線(/)で示す場合には，括弧を使って曖昧さを除く．例えば $(5\ \mathrm{m})/(20\ \mathrm{s})$ などとする．
- 単位記号の代わりに単位名を使って5メートル毎秒のように表すことができ

るが，単位記号と単位名を混ぜて使わない．例えば，m/sの代わりにメートル毎sやm毎秒やm/秒は用いない．なお，文章中で単位を数値と組み合わせないときは，単位は文字（すなわち単位名）で記入する．単位記号を括弧内に入れて付記してもよい．例えば，モルやモル(mol)とする．ただし，本書では説明の都合上，単独で単位記号を使うことがある．

- 1つの表示の中では1.65 mのように単位は1つだけ用い，1 m 65 cmのようにはしない．非SI単位を用いた時間の値と平面角を示すときは例外である．例えば，平面角は12.40°とする方が好ましいが12° 24′の使用は認められている．数値と単位の間には空白を入れるが，平面角の度(°)，分(′)，秒(″)だけは例外であり，空白を入れて12 °のようにはしない．
- 小数点はピリオドまたはコンマで示すが，日本においてはピリオドが用いられる．桁の多い数に対しては，3桁ごとに狭い空白を置いてもよいが，空白の代わりにドットやコンマは用いない．小数点の前あるいは後ろが4桁のときは，通常空白を作らない．例えば12345や12 345とする．また，0.678 9とはせず0.6789とする．
- 同じ次元の2つの量の比からなる無次元量（正確には次元が1の量）の単位名は1(one)，その記号は1である．屈折率，比誘電率などのほか分率や相対不確かさがこれに当てはまる．この場合の量の値は単に数で示され，単位は付さない．例えば，屈折率は$n=1.51$とし，$n=1.51\times 1$とはしない．平面角のラジアンと立体角のステラジアンは例外であり，12.3 rad，4.5 srのようにする．
- 質量分率，体積分率または物質量分率（従来はモル分率とよぶことが多かった）は，質量分率0.5のように無名数で表す．パーセント（%，百分率）は単位（単位記号）ではないが，単位と同じように数値の後に1文字分の空白を挿入して%を付す．例えば，質量分率0.6は質量分率60 %と同じことを示す．
- 質量百分率(質量パーセント)，体積百分率のような用語は用いない．ただし，法規がらみで使用が求められる場合にはこの限りではない．どういう分率であるかを明示することが必要で，例えば，質量分率0.01，質量分率1 %，1 %（質量分率）と表す．単位記号に注釈あるいは付加情報を加えたような3.6 %(w/w)という表示はしない．なお，1 %（質量分率）の場合は量の値の説明と理解できる．また，表や図の中でx/%の表記は避け，代わりに

100xと書く.

・SIでは，ppm（相対値10^{-6}）を許容しているが，ppbとpptは使用言語によって異なる意味をもつので避けるべきとしている．%やppmなどを用いるときは，対応する量の名前を示す．例えば，単に「2.5 %」とはせずに，「質量分率2.5 %」のように表す.

・無次元の比（物質量分率，質量分率，体積分率，相対不確かさなど）を示すときに，単位を1としないで同じ種類の2つの単位の比として示すのが有用なことがある．例えば2.5 mmol mol^{-1}や0.3 mg kg^{-1}である．mol mol^{-1}，g g^{-1}（あるいはkg kg^{-1}）のように表示することも許される.

・計量法では，濃度の単位として特殊なものが使われるが，法定関係での分析においては，「強制法規がある場合において，やむを得ない場合」ということで使用が認められている．計量法では, 濃度の単位として質量百分率（%），質量千分率（‰），体積百万分率（vol ppmまたはppm），体積十億分率（vol ppbまたはppb）などを使用することが認められている.

10.8　単位換算

換算の考え方の原理は単純であり，単位記号も数式の一部と考えて，乗除の規則を当てはめればよい.

10.8.1　SI接頭語の換算

SI接頭語を付した単位の10の累乗の数値の換算がもっとも単純な換算である．例えば電気伝導率であれば,

$$\mu S/cm = 10^{-6}\,S/(10^{-2}\,m) = 10^{-4}\,S/m$$

と換算できる．また，密度であれば,

$$g/cm^3 = (10^{-3}\,kg)/(10^{-2}\,m)^3 = (10^{-3}/10^{-6})\,kg/m^3 = 10^3\,kg/m^3$$

と換算できる．最近ではkg m^{-3}を用いて水の密度が表されたり，天びんの分銅（ステンレス製）の密度が8000 kg m^{-3}のように表されたりすることも増えている.

例題10.2

水の比抵抗18 MΩ•cmを換算してコンダクタンスの単位ジーメンスとSI基本単位で表せ.

解答

$$18\ \mathrm{M\Omega \cdot cm} = (18\times10^{6}\ \mathrm{S}^{-1})\times(10^{-2}\ \mathrm{m}) = 1.8\times10^{5}\ \mathrm{S}^{-1}\cdot\mathrm{m}$$

のようになる.

また,

$$18\ \mathrm{M\Omega \cdot cm} = (18\times10^{6}\ \mathrm{m^{2}\ kg\ s^{-3}\ A^{-2}})\times(10^{-2}\ \mathrm{m}) = 1.8\times10^{5}\ \mathrm{m^{3}\ kg\ s^{-3}\ A^{-2}}$$

のようになる.

10.8.2 異なる種類の単位への換算

例えば質量分率で表した濃度がa(g g^{-1})である溶液が密度d(g mL^{-1})をもつとき, これを質量濃度(g mL^{-1})で表すならば,

$$a\,(\mathrm{g\ g^{-1}})\times d\,(\mathrm{g\ mL^{-1}}) = a\times d\,(\mathrm{g\ mL^{-1}})$$

となる.

質量濃度(g L^{-1})を, 原子量, 分子量, 式量にg mol^{-1}を付した量であるモル質量(g mol^{-1})で除すれば, 物質量濃度(mol L^{-1})へ換算できる. 例えば, 1.0000 g L^{-1}の亜鉛標準液は亜鉛のモル質量65.38 g mol^{-1}で除して0.015 295 mol L^{-1}, 1.000 g L^{-1}の塩化ナトリウム水溶液はモル質量58.4413 g mol^{-1}で除して0.017 11 mol L^{-1}となる.

例題10.3

エタノールのモル質量を求め, 1.000 g L^{-1}のエタノール水溶液の濃度をmol L^{-1}単位へ換算せよ.

解答

エタノールのモル質量はH, C, Oの原子量から46.068 g mol^{-1}である.

1.000 g L^{-1}のエタノール水溶液はエタノールのモル質量46.068 g mol^{-1}で除して0.02171 mol L^{-1}となる.

10.8.3　SI単位と非SI単位との間の換算

多くの非SI単位が利用されている. 例えば, 圧力の単位にはパスカル（Pa）やニュートン毎平方メートル（N m^{-2}）のほか, 水銀柱ミリメートル（mmHg), バール(bar), トル（Torr), 標準大気圧(atm), psiなどの非SI単位が用いられる. また, インチ（配管の径), ポンド（ボクシング), ヤード（ゴルフ, アメリカンフットボール), マイル（航空路線), ガロン（ガソリン）なども多くの人が用いている現実を理解しておく必要がある. これらの値は, 10.6節末尾に示したウェブサイトにある換算係数を用いることでSI単位に換算できる.

10.8.4　換算が正比例の関係ではない事例

換算が比例計算ではない場合があるので, その例を示す.

（例1） 物質量濃度（molarity）と質量モル濃度（molality）の間の換算

質量モル濃度（mol kg^{-1}）は, 溶媒1 kgあたりの物質量を表すものである. 物質量濃度（mol L^{-1}）をC, 質量モル濃度をm, 溶液の密度（g cm^{-3}）をd, 溶質のモル質量（g mol^{-1}）をMとすると,

$$m = C \times \frac{1000}{1000d - CM} \tag{10.2}$$

の関係がある. 溶液が希薄な場合には, 溶媒の密度（g cm^{-3}）d_1を用いて, $m \approx C/d_1$と近似できる.

例えば, 1 mol L^{-1} NaClは, $d = 1.0374$ g cm^{-3}, $M = 58.44$ g mol^{-1}であるので, 質量モル濃度$m = 1.0215$ mol kg^{-1}となる.

また, 溶液あるいは固体1 kgあたりの物質量を示す量[*4]もよく使われるの

[*4] 物質量含有量（amount content, amount-of-substance content）とよばれ, これもmol kg^{-1}の単位記号で表される.

で注意が必要である．上記の1 mol L^{-1} NaClは，物質量含有量では0.9639 mol kg^{-1}となる．

（例2）　物質量分率（mol mol^{-1}）と質量分率（g g^{-1}）の間の換算

試料中のある特定の対象物質について，物質量分率（mol mol^{-1}）をf_{mole}，質量分率（g g^{-1}）をf_{mass}，対象物質のモル質量（g mol^{-1}）をMとする．試料中の全共存物質の種類と物質量が実際上明らかになっている場合には，モル質量を用いて両者を換算することができる．共存物質iのモル質量（g mol^{-1}）をM_i，質量分率（g g^{-1}）を$f_{\mathrm{mass},i}$とすると，

$$\frac{\dfrac{f_{\mathrm{mass}}}{M}}{\dfrac{f_{\mathrm{mass}}}{M}+\displaystyle\sum_{i=1}^{n}\dfrac{f_{\mathrm{mass},i}}{M_i}}=f_{\mathrm{mole}} \tag{10.3}$$

の関係がある．例えば，不純物として2 mg kg^{-1}のアセトアルデヒド（モル質量：44.05 g mol^{-1}），108 mg kg^{-1}の水（モル質量：18.02 g mol^{-1}）だけを含むエタノール（モル質量：46.07 g mol^{-1}）の場合は，$f_{\mathrm{mass}}=0.999\,89$に対して，$f_{\mathrm{mole}}=0.999\,72$と換算される．

（例3）　セルシウス温度と絶対温度の間の換算

熱力学温度/K＝セルシウス温度/℃＋273.15である．

例題10.4

SIでの表し方として不適切なものは以下のどれであるかを示せ．不適切なものについては，適切な表記の例を示せ．

kg/m/s^2，kg/m s^2，5 sec，25℃，10モル/L，0.15±0.05 mg/g，*mol/l*，mmol/ℓ

解答

いずれも不適切である．それぞれ，例えばkg/(m s^2)，kg/(m s^2)，5 s，25 ℃，10 mol/L，(0.15±0.05)mg/g，mol/l，mmol/lとする．なお，本

書ではmol/Lをmol L^{-1}というようにべき乗で示しているが，この解答ではは問題の趣旨から考えてわかりやすいように“/”を用いた．

10.9　濃度計算

質量を物質量に換算するためには，**原子量**（atomic weight）が必要となる．原子量は，「炭素12を12としたときの相対値」であり，単位モルは，「0.012キログラムの炭素12の中に存在する原子の数に等しい数の要素粒子を含む系の物質量」であるので，原子量の数値にg mol^{-1}を付した量がその元素のモル質量である．分子量，式量に対しても同様にモル質量が得られる．例えば塩化ナトリウムの式量は，4桁の原子量表を用いて，22.99＋35.45＝58.44となる．塩化ナトリウムを例として，濃度計算の実際を示す．例えば，純度100％の塩化ナトリウム30 gを水に溶解して1 Lとすれば，30 g L^{-1}の塩化ナトリウム水溶液であるが，18.20 g L^{-1}の塩化物イオン水溶液，11.80 g L^{-1}のナトリウムイオン水溶液ともいえる．また，物質量として表すと0.5133 mol L^{-1}となる．

◎SI基本単位の再定義

世界的なプロジェクトが進んでおり，質量などの単位の再定義が計画されている．順調に進めば近い将来アボガドロ定数が不確かさのない固定値となり，それをもとにしてモルが定義される予定である．その場合には，モルは質量との定義上のつながりから解放される一方で，^{12}Cの1 molの質量は厳密には12 gではなくなり，不確かさを有することになる．最新情報は184ページのコラム参照．

例題10.5

37％塩酸（約12.0 mol L^{-1}）から，密度1.18 g mL^{-1}を用いて，

（a）0.1 mol L^{-1}塩酸100 mL

（b）0.1 mol kg^{-1}（質量モル濃度）塩酸100 g

を調製するための方法を示せ．

解答

37 %塩酸の密度をd（$=1.18\ \mathrm{g\ mL^{-1}}$），
0.1 mol $\mathrm{L^{-1}}$塩酸の物質量濃度をC_v（$=0.1\ \mathrm{mol\ L^{-1}}$），
0.1 mol $\mathrm{kg^{-1}}$塩酸の質量モル濃度をC_w（$=0.1\ \mathrm{mol\ kg^{-1}}$），
37 %塩酸中HClの質量分率をf（$=0.37$），
HClのモル質量をM（$=36.46\ \mathrm{g\ mol^{-1}}$），
調製する0.1 mol $\mathrm{L^{-1}}$塩酸の体積をv（$=100$ mL），
調製する0.1 mol $\mathrm{kg^{-1}}$塩酸の質量をw（$=100$ g）とする．

(a)　37 %塩酸x(mL)が必要であるとする．37 %塩酸x(mL)中のHClの物質量m_1は，

$$m_1 = x \cdot d \cdot f/M = x \times 1.18 \times 0.37/36.46\ \mathrm{mol}$$

である．
一方，調製する0.1 mol $\mathrm{L^{-1}}$塩酸100 mL中のHClの物質量m_2は，

$$m_2 = C_\mathrm{v} \cdot v/1000 = 0.1 \times (100/1000)\ \mathrm{mol}$$

である．$m_1=m_2$であるので，

$$x \times 1.18 \times 0.37/36.46 = 0.1 \times (100/1000)$$

から，$x=0.835$ mLと計算される．
(b)　一方，後者で37 %塩酸y(g)が必要であるとする．37 %塩酸y(g)中のHClの物質量m_3は，

$$m_3 = y \cdot f/M = y \times 0.37/36.46\ \mathrm{mol}$$

である．
一方，調製する0.1 mol $\mathrm{kg^{-1}}$（質量モル濃度）塩酸100 g中 のHClの物質量m_4は，0.1 mol $\mathrm{kg^{-1}}$塩酸($C_\mathrm{w} \cdot M+1000$)(g)中のHClの物質量は0.1 molであるので，

$$m_4 = C_\mathrm{w} \cdot w/(C_\mathrm{w} \cdot M+1000) = 0.1 \times 100/(0.1 \times 36.46+1000)\ \mathrm{mol}$$

となる．$m_3=m_4$であるので，

$$y \times 0.37/36.46 = 0.1 \times 100/(0.1 \times 36.46 + 1000)$$

から，$y = 0.982$ g と計算される．

なお，これらの計算は，溶液を作製する場合の目安を示しているだけであり，容量分析などに用いる場合は，標準物質や標準液を用いて標定する．

例題10.6

0.5 mol L^{-1}の硫酸20 mLを中和するために必要な純度100 %のNaOHの質量はいくらか？

解答

$$(0.5\ \mathrm{mol\ L^{-1}}) \times \left(\frac{20}{1000}\right)\mathrm{L} \times (40.00\ \mathrm{g\ mol^{-1}}) \times 2 = 0.80\ \mathrm{g}$$

最後に，物質量・質量・体積が関係する量を**表10.8**にまとめた．

表10.8　濃度に関連する量の一覧

		目的成分		
		物質量 mol	質量 kg（またはg）	体積 L（またはm^3）
媒体と目的成分を含む全体	物質量 mol	物質量分率 （amount-of-substance fraction） mol mol^{-1}	モル質量 （molar mass） kg mol^{-1}	モル体積 （molar volume） L mol^{-1}
	質量 kg （またはg）	物質量含有量*1 （amount content） mol kg^{-1}	質量分率 （mass fraction） kg kg^{-1}	比体積 （specific volume） L kg^{-1}
	体積 L （またはm^3）	物質量濃度*2 （amount-of-substance concentration（concentration）） mol L^{-1}（mol dm^{-3}）	質量濃度*3 （mass concentration） kg L^{-1}	該当なし*4

*1　同じmol kg^{-1}で表される質量モル濃度（molality）は溶媒1 kg中の物質量．
*2　従来，（容量）モル濃度（molar concentration，molarity）などとよばれてきた．
*3　質量密度（mass density）も同じ単位で表される．
*4　混合物の混合前の各成分の体積の合計に対する目的成分の体積の比率を示すものとして体積分率（volume fraction）がある．

おわりに

本書では，分析化学にかかわる溶液中での化学反応について平衡論的な考え方を解説するとともに，それに基づく容量分析や重量分析について述べてきた．ここでは，これらの分析法が他の分析法と比較して，どのような特徴をもっているかを簡単に述べる．10章で述べた精度や真度という観点では，これらの分析法は一般的にいずれも優れていると考えられている．その他の評価基準として次のようなものがある．

感度（sensitivity）は，どのくらい微量でも測定できるかを示す．銅を測定対象とする場合を例として，その含有量に応じて適切とされる方法を**図1**に示す．すべての範囲をカバーできる方法はなく，含有量に応じて適切な方法を選ぶ必要のあることがわかる．図1によれば，重量分析（電解重量分析法）は

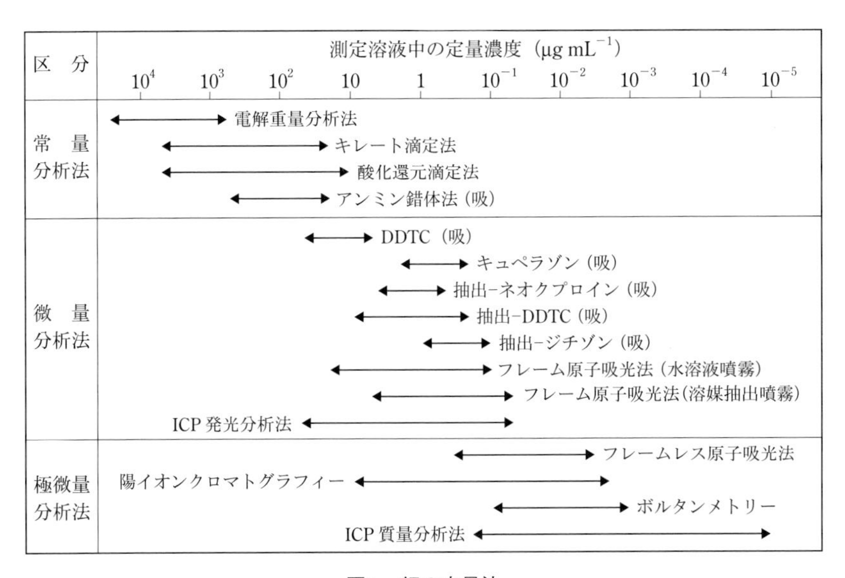

図1　銅の定量法

［ミニファイル「元素別・濃度別定量法一覧，銅」，ぶんせき，755（1993）］

$10^{2.8}$ μg mL^{-1}～$10^{4.4}$ μg mL^{-1}（10^{-2} mol L^{-1}～0.4 mol L^{-1}），滴定法（キレート滴定法）は$10^{1.3}$ μg mL^{-1}～$10^{3.6}$ μg mL^{-1}（3×10^{-4} mol L^{-1}～0.06 mol L^{-1}）の試料に適しているとされ，他の分析法と比べると感度は低い．

選択性（selectivity）とは，ある目的の対象を定量する際に，共存する他の成分や夾雑物の妨害（あるいは干渉）を受けにくい程度を示すものである．その分析法自体の選択性が低い場合でも，妨害成分が目的成分と同じ反応を起こしにくくする試薬（マスク剤）を加えたり，あらかじめ妨害成分を分離したりすることで，選択性を向上させることができる．一般的に，容量分析あるいは重量分析はあまり高い選択性をもっていない．なお，関連する用語として，**特異性**（specificity）がある．これは，ある物質だけ，あるいはきわめて少数の物質だけが特異的に反応を起こす場合を表す．例えば，酵素は一般に基質に対して高い特異性を示すので，それを利用する分析法も特異性を示す．本書の中では，5 章で取り上げたAg (I) とハロゲン化物イオンの沈殿生成反応や，Ni (II) とジメチルグリオキシムの沈殿生成反応がこれに相当する．

これらすべての基準で他より優れているような万能の分析法は存在しないし，その必要もない．容量分析法，重量分析法やその他の機器分析法（詳細は姉妹書『機器分析』を参照）の中から，目的に適した方法を選択することがきわめて重要である．

◎ SI 基本単位の定義の改定が国際度量衡総会（CGPM）において採択

2018 年 11 月 13 日～ 16 日の第 26 回 CGPM において，キログラムとモルを含む 4 つの基本単位の新定義が採択され，2019 年 5 月 20 日からの適用が決まった．表 10.3 の SI 基本単位の定義のうち，質量，電流，熱力学温度，物質量に関して変更になる．これによって人工物の国際キログラム原器による定義であったキログラムはプランク定数に基づくものに，モルはアボガドロ定数に基づくものに変わる．新定義の詳細は，国際度量衡局（BIPM）や産業技術総合研究所計量標準総合センター（NMIJ）の関連ホームページを参照してほしい．

これらの単位に関係している基礎物理定数を改定前の定義の下で十分に小さい不確かさで決定できたので，それらを固定値として採用する新定義に至った．したがって，過去からの連続性は保証され，日常生活を含めて事実上影響を受けない一方，新定義によって，計量単位の長期的不変性が確保され，これまで実現できなかった微小質量の直接測定が可能となる等の新しい展開も期待される．

付表1　酸解離定数[a),b)]

酸の名称	化学式	pK_{a1}	pK_{a2}	pK_{a3}	pK_{a4}
亜硝酸	HNO_2	3.15			
亜硫酸	H_2SO_3	1.91	7.18		
ギ酸	HCOOH	3.75			
クエン酸	$HOOC(HO)C(CH_2COOH)_2$	3.13	4.76	6.40	
クロム酸	H_2CrO_4	c)	6.51		
コハク酸	$(CH_2COOH)_2$	4.21	5.64		
酢酸	CH_3COOH	4.76			
サリチル酸	$C_6H_4(OH)COOH$	2.97	13.74		
シアン化水素酸	HCN	9.21			
ジグリコール酸	$O(CH_2COOH)_2$	2.97	4.37		
ジクロロ酢酸	$CHCl_2COOH$	1.30			
シュウ酸	$(COOH)_2$	1.25	4.27		
酒石酸	$(HOCHCOOH)_2$	3.04	4.37		
炭酸	H_2CO_3	6.35	10.33		
トリクロロ酢酸	CCl_3COOH	0.66			
ヒ酸	H_3AsO_4	2.24	6.96	11.50	
二リン酸（ピロリン酸）	$H_4P_2O_7$	0.8	2.2	6.70	9.40
フェノール	C_6H_5OH	9.98			
フタル酸	$C_6H_4(COOH)_2$	2.95	5.41		
フッ化水素酸	HF	3.17			
フマル酸	*trans*-$C_2H_2(COOH)_2$	3.05	4.49		
ホウ酸	H_3BO_3	9.24			
マレイン酸	*cis*-$C_2H_2(COOH)_2$	1.91	6.33		
モノクロロ酢酸	$CH_2ClCOOH$	2.87			
硫酸	H_2SO_4	c)	1.99		
硫化水素	H_2S	7.02	13.9		
リン酸	H_3PO_4	2.12	7.21	12.32	
アニリニウムイオン	$C_6H_5NH_3^+$	4.60			
アンモニウムイオン	NH_4^+	9.26			
イミダゾリウムイオン	$C_3H_5N_2^+$	6.99			
エタノールアンモニウムイオン	$HOCH_2CH_2NH_3^+$	9.50			
エチレンジアンモニウムイオン	$(CH_2NH_3^+)_2$	6.85	9.93		
グリシニウムイオン	$HOOCCH_2NH_3^+$	2.35	9.78		
ジエタノールアンモニウムイオン	$(HOCH_2CH_2)_2NH_2^+$	8.88			
トリエタノールアンモニウムイオン	$(HOCH_2CH_2)_3NH^+$	7.76			
トリエチルアンモニウムイオン	$(C_2H_5)_3NH^+$	10.72			
ピリジニウムイオン	$C_5H_5NH^+$	5.23			
メチルアンモニウムイオン	$CH_3NH_3^+$	10.64			

a）R. M. Smith and A. E. Martell, Critical Stability Constants; Vol.1-6, Plenum Press（1976-1989）
b）温度25 ℃，イオン強度0.
c）強酸.

付表2　金属錯体の生成定数[a]

配位子	金属イオン	$\log \beta_1$	$\log \beta_2$	$\log \beta_3$	$\log \beta_4$	$\log \beta_5$	$\log \beta_6$	温度	イオン強度[c]
								℃	mol L^{-1}
F^-	Al^{3+}	6.43	11.63	15.5	18.3	19.4	19.8	25	0.1
	Cd^{2+}	0.46	0.53					25	1.0
	Fe^{3+}	5.18	9.13	11.9				25	0.5
	Ga^{3+}	4.49	8.00	10.5				25	0.5
	In^{3+}	3.75	6.5	8.6				25	0.5
	Sc^{3+}	6.18	11.46	15.5	18.4			25	0.5
	Th^{4+}	7.59	13.44	17.9				25	0.5
	Zr^{4+}	8.94	16.4	22.4				25	2.0
Cl^-	Ag^+	3.31	5.25	6.4	6.1			25	0
	Cd^{2+}	1.98	2.6	2.4	1.7			25	0
	Fe^{3+}	1.48	2.13					25	0
	Hg^{2+}	6.74	13.22	14.1	15.1			25	0.5
	Pb^{2+}	1.59	1.8	1.7	1.4			25	0
	Sn^{2+}	1.51	2.25	2.0	1.5			25	0
Br^-	Ag^+	4.30	6.64	8.1	8.9			25	0.1
	Cd^{2+}	2.14	3.0	3.0	2.9			25	0
	Hg^{2+}	9.00	17.1	19.4	21.0			25	0.5
	Pb^{2+}	1.77	2.6	3.0	2.3			25	0
I^-	Ag^+	b)	b)	14.1	14.4			25	7.0
	Cd^{2+}	1.86	3.2	4.4	5.5			25	0.5
	Hg^{2+}	12.87	23.82	27.6	29.8			25	0.5
	Pb^{2+}	1.3	2.4	3.1	4.4			25	2.0
OH^-	Ag^+	2.1	4.2					25	0
	Al^{3+}	8.6	18	26.3	32.4			25	0
	Be^{2+}	8.3	14.1	18.2	18.2			25	0
	Bi^{3+}	12.6	23.4	32.6				25	0
	Cd^{2+}	3.7	7.4	8.2	9.1			25	0
	Co^{2+}	4.1	9.2	10.5				25	0
	Cu^{2+}	5.8	10.5	14.2	16.9			25	0
	Fe^{2+}	4.3	7.2	11.0	10.0			25	0
	Fe^{3+}	11.4	21.8	32.0	34.1			25	0
	Ga^{3+}	11.4	21.9	31.5	38.6			25	0
	Hg^{2+}	10.2	21.8	20.9				25	0
	In^{3+}	9.6	19.7	29.1	33.6			25	0
	La^{3+}	5.5	10.8	16.1	19.1			25	0
	Mn^{2+}	3.2	5.6	7.2	8.1			25	0
	Ni^{2+}	3.8	8.8	12.0	12.0			25	0
	Pb^{2+}	6.1	10.7	14.0				25	0

配位子	金属イオン	$\log \beta_1$	$\log \beta_2$	$\log \beta_3$	$\log \beta_4$	$\log \beta_5$	$\log \beta_6$	温度	イオン強度[c]
								℃	$mol\ L^{-1}$
OH^-	Sc^{3+}	9.1	17.3	24.7	29.4			25	0
	Sn^{2+}	10.4	20.7	25.4				25	0
	Th^{4+}	9.8	20.3	29.6	38.3			25	0
	Y^{3+}	5.9	11.6	17.0	19.0			25	0
	Zn^{2+}	4.8	10.9	13.6	15.3			25	0
$S_2O_3^{2-}$	Ag^+	8.82	13.67	14.2				25	0
	Cd^{2+}	3.92	6.3					25	0
	Cu^+	10.35	12.27	13.71				25	1.6
	Hg^{2+}	b）	29.23	30.6				25	0
	Zn^{2+}	2.35						25	0
SCN^-	Ag^+	4.8	8.2	9.5	9.7			25	0
	Cd^{2+}	1.89	2.78	2.8	2.3			25	0
	Cu^+	b）	11.0	10.9	10.4			25	0
	Fe^{3+}	3.0	4.6					25	0
	Hg^{2+}	b）	17.26	19.97	21.8			25	0
	Zn^{2+}	1.33	1.91	2.0	1.6			25	0
CN^-	Ag^+	b）	20.48	21.4				25	0
	Cd^{2+}	6.01	11.12	15.65	17.92			25	0
	Zn^{2+}	b）	11.07	16.05	19.62			25	0
NH_3	Ag^+	3.31	7.22					25	0
	Cd^{2+}	2.55	4.56	5.90	6.74			25	0
	Co^{2+}	1.99	3.50	4.43	5.07	5.13	4.39	20	0
	Cu^{2+}	4.04	7.47	10.27	11.75			25	0
	Hg^{2+}	8.8	17.4	18.4	19.1			25	2.0
	Ni^{2+}	2.72	4.89	6.55	7.67	8.34	8.31	25	0
	Zn^{2+}	2.21	4.50	6.86	8.89			25	0
CH_3COO^-	Cd^{2+}	1.93	3.15					25	0
	Cu^{2+}	2.21	3.63					25	0
	Co^{2+}	1.38						25	0
	Fe^{3+}	3.38	6.5	8.3				20	0.1
	Hg^{2+}	4.22	8.45					25	3
	Ni^{2+}	1.43						25	0
	Pb^{2+}	2.68	4.08	3.6				25	3
	Zn^{2+}	1.58						25	0

a）R. M. Smith and A. E. Martell, Critical Stability Constants; Vol.1-6, Plenum Press（1976-1989）
b）沈殿または高次錯体生成のため決定できない．
c）イオン強度0は外挿による．

付表3　EDTA錯体の生成定数[a)]

金属イオン	$\log K_{MY}$	$\log K_{MHY}$	$\log K_{MY(OH)}$	温度	イオン強度[b)]
				℃	$mol\ L^{-1}$
Li^{+}	2.90			25	0.1
Na^{+}	1.84			25	0.1
K^{+}	0.8			25	0.1
Ag^{+}	7.22	6.0		25	0.1
Mg^{2+}	8.85	4.0		25	0.1
Ca^{2+}	10.65	3.1		25	0.1
Sr^{2+}	8.74	3.93		25	0.1
Ba^{2+}	7.86	4.57		25	0.1
Pb^{2+}	18.0	2.8		25	0.1
Mn^{2+}	13.88	3.1		25	0.1
Fe^{2+}	14.30	2.8	4.9	25	0.1
Co^{2+}	16.45	3.0		25	0.1
Ni^{2+}	18.4	3.1	2.1	25	0.1
Cu^{2+}	18.78	3.1	2.6	25	0.1
Zn^{2+}	16.5	3.0	2.4	25	0.1
Cd^{2+}	16.5	2.9		25	0.1
Hg^{2+}	21.5	3.2		25	0.1
Al^{3+}	16.5	2.5	8.2	25	0.1
Ga^{3+}	21.0	1.8	8.4	25	0.1
In^{3+}	24.9	1.5	5.5	25	0.1
Y^{3+}	18.08			25	0.1
La^{3+}	15.46	2.24		25	0.1
Fe^{3+}	25.1	1.3	6.6	25	0.1
Bi^{3+}	26.7	1.7	3.0	20	0
Th^{4+}	23.2	1.98	6.96	25	0.1

a) R. M. Smith and A. E. Martell, Critical Stability Constants, Vol.1-6, Plenum Press (1976-1989)

b) イオン強度0は外挿による.

付表4　難溶性塩の溶解度積[a), b)]

水酸化物	pK_{sp}
$AgOH$	7.71
$Al(OH)_3$	32.8
$Be(OH)_2$	21.7
$Ca(OH)_2$	5.19
$Cd(OH)_2$	14.35
$Co(OH)_2$	14.9
$Cr(OH)_3$	29.8
$Cu(OH)_2$	19.32
$Fe(OH)_2$	14.39
$Fe(OH)_3$	38.8
$Ga(OH)_3$	39.1
HgO	25.44
$In(OH)_3$	35.9
$Mg(OH)_2$	11.15
$Mn(OH)_2$	12.8
$Ni(OH)_2$	15.2
$Pb(OH)_2$	15.3
$Sn(OH)_2$	26.2
$Tl(OH)_3$	45.2
$Zn(OH)_2$	16.66

クロム酸塩	pK_{sp}
Ag_2CrO_4	11.92
$BaCrO_4$	9.67
$PbCrO_4$	12.6

ハロゲン化物	pK_{sp}
$AgCl$	9.8
$AgBr$	12.3
AgI	16.1
CaF_2	10.5
$CuBr$	8.3
CuI	12.0
Hg_2Cl_2	17.91
Hg_2Br_2	22.25
Hg_2I_2	27.95
PbF_2	7.44
$PbCl_2$	4.78
$PbBr_2$	5.68
PbI_2	8.1

シアン化物および チオシアン酸塩	pK_{sp}
$AgSCN$	11.97
$CuSCN$	14.77
$Hg_2(SCN)_2$	19.5
$AgCN$	15.66

硫酸塩	pK_{sp}
$BaSO_4$	9.96
$CaSO_4$	4.62
$PbSO_4$	7.79
$SrSO_4$	6.5

硫化物	pK_{sp}
Ag_2S	50.1
CdS	27.0
CoS	21.3, 25.6[c)]
CuS	36.1
FeS	18.1
HgS	52.7, 53.3[c)]
In_2S_3	69.4
MnS	10.5, 13.5[c)]
NiS	19.4, 24.9, 26.6[c)]
PbS	27.5
SnS	25.9
ZnS	24.7, 22.5[c)]

炭酸塩	pK_{sp}
Ag_2CO_3	11.09
$BaCO_3$	8.69, 8.30[c)]
$CaCO_3$	8.35, 8.22[c)]
$MgCO_3$	7.46
$PbCO_3$	13.13
$SrCO_3$	9.03

シュウ酸塩	pK_{sp}
BaC_2O_4	7.6
CaC_2O_4	8.4
MgC_2O_4	4.1
SrC_2O_4	6.8

a) R. M. Smith and A. E. Martell, Critical Stability Constants, Vol.4, Plenum Press (1976)
b) K_{sp}を$mol^2\ L^{-2}$などの単位で除して無次元にした上で常用対数として表した.
c) 結晶形の違いによって複数の値がある.

付表5　標準酸化還元電位[a)]

半反応	標準酸化還元電位/V
$F_2 + 2e^- \rightleftharpoons 2F^-$	2.87
$O_3 + 2H^+ + 2e^- \rightleftharpoons O_2 + H_2O$	2.075
$Ag^{2+} + e^- \rightleftharpoons Ag^+$	1.980
$S_2O_8^{2-} + 2e^- \rightleftharpoons 2SO_4^{2-}$	1.96
$Co^{3+} + e^- \rightleftharpoons Co^{2+}$	1.92
$H_2O_2 + 2H^+ + 2e^- \rightleftharpoons 2H_2O$	1.763
$Ce^{4+} + e^- \rightleftharpoons Ce^{3+}$	1.72
$MnO_4^- + 4H^+ + 3e^- \rightleftharpoons MnO_2 + 2H_2O$	1.70
$2HClO + 2H^+ + 2e^- \rightleftharpoons Cl_2 + 2H_2O$	1.63
$2HBrO + 2H^+ + 2e^- \rightleftharpoons Br_2 + 2H_2O$	1.604
$Au^{3+} + 3e^- \rightleftharpoons Au$	1.52
$MnO_4^- + 8H^+ + 5e^- \rightleftharpoons Mn^{2+} + 4H_2O$	1.51
$Mn^{3+} + e^- \rightleftharpoons Mn^{2+}$	1.5
$2BrO_3^- + 12H^+ + 10e^- \rightleftharpoons Br_2 + 6H_2O$	1.478
$PbO_2(\alpha) + 4H^+ + 2e^- \rightleftharpoons Pb^{2+} + 2H_2O$	1.468
$2HIO + 2H^+ + 2e^- \rightleftharpoons I_2 + 2H_2O$	1.44
$Cl_2(aq) + 2e^- \rightleftharpoons 2Cl^-$	1.396
$Cr_2O_7^{2-} + 14H^+ + 6e^- \rightleftharpoons 2Cr^{3+} + 7H_2O$	1.38
$MnO_2 + 4H^+ + 2e^- \rightleftharpoons Mn^{2+} + 2H_2O$	1.23
$O_2 + 4H^+ + 4e^- \rightleftharpoons 2H_2O$	1.229
$2IO_3^- + 12H^+ + 10e^- \rightleftharpoons I_2 + 6H_2O$	1.20
$Pt^{2+} + 2e^- \rightleftharpoons Pt$	1.188
$Ag_2O + 2H^+ + 2e^- \rightleftharpoons 2Ag + H_2O$	1.173
$Br_2(aq) + 2e^- \rightleftharpoons 2Br^-$	1.087
$VO_2^+ + 2H^+ + e^- \rightleftharpoons VO^{2+} + H_2O$	1.000
$NO_3^- + 3H^+ + 2e^- \rightleftharpoons HNO_2 + H_2O$	0.94
$Pd^{2+} + 2e^- \rightleftharpoons Pd$	0.915
$2Hg^{2+} + 2e^- \rightleftharpoons Hg_2^{2+}$	0.9110
$ClO^- + H_2O + 2e^- \rightleftharpoons Cl^- + 2OH^-$	0.890
$Hg^{2+} + 2e^- \rightleftharpoons Hg$	0.8535
$Ag^+ + e^- \rightleftharpoons Ag$	0.7991
$Hg_2^{2+} + 2e^- \rightleftharpoons 2Hg$	0.7960
$Fe^{3+} + e^- \rightleftharpoons Fe^{2+}$	0.771
$BrO^- + H_2O + 2e^- \rightleftharpoons Br^- + 2OH^-$	0.766
$Tl^{3+} + 3e^- \rightleftharpoons Tl$	0.72
$O_2 + 2H^+ + 2e^- \rightleftharpoons H_2O_2$	0.695
$I_2(aq) + 2e^- \rightleftharpoons 2I^-$	0.621
$MnO_4^{2-} + 2H_2O + 2e^- \rightleftharpoons MnO_2 + 4OH^-$	0.60
$H_3AsO_4 + 2H^+ + 2e^- \rightleftharpoons HAsO_2 + 2H_2O$	0.560
$MnO_4^- + e^- \rightleftharpoons MnO_4^{2-}$	0.56
$I_3^- + 2e^- \rightleftharpoons 3I^-$	0.536

半反応	標準酸化還元電位/V
$Cu^{+} + e^{-} \rightleftharpoons Cu$	0.520
$O_2 + 2H_2O + 4e^{-} \rightleftharpoons 4OH^{-}$	0.401
$Cu^{2+} + 2e^{-} \rightleftharpoons Cu$	0.340
$VO^{2+} + 2H^{+} + e^{-} \rightleftharpoons V^{3+} + H_2O$	0.337
$BiO^{+} + 2H^{+} + 3e^{-} \rightleftharpoons Bi + H_2O$	0.317
$UO_2^{2+} + 4H^{+} + 2e^{-} \rightleftharpoons U^{4+} + 2H_2O$	0.27
$IO_3^{-} + 3H_2O + 6e^{-} \rightleftharpoons I^{-} + 6OH^{-}$	0.26
$AgCl + e^{-} \rightleftharpoons Ag + Cl^{-}$	0.2223
$S + 2H^{+} + 2e^{-} \rightleftharpoons H_2S(aq)$	0.144
$SO_4^{2-} + 4H^{+} + 2e^{-} \rightleftharpoons H_2SO_3 + H_2O$	0.16
$Sn^{4+} + 2e^{-} \rightleftharpoons Sn^{2+}$	0.15
$TiO^{2+} + 2H^{+} + e^{-} \rightleftharpoons Ti^{3+} + H_2O$	0.1
$S_4O_6^{2-} + 2e^{-} \rightleftharpoons 2S_2O_3^{2-}$	0.07
$2H^{+} + 2e^{-} \rightleftharpoons H_2$	0.000
$Pb^{2+} + 2e^{-} \rightleftharpoons Pb$	−0.125
$Sn^{2+} + 2e^{-} \rightleftharpoons Sn$	−0.137
$V^{3+} + e^{-} \rightleftharpoons V^{2+}$	−0.255
$Ni^{2+} + 2e^{-} \rightleftharpoons Ni$	−0.257
$Co^{2+} + 2e^{-} \rightleftharpoons Co$	−0.277
$In^{3+} + 3e^{-} \rightleftharpoons In$	−0.3382
$Cd^{2+} + 2e^{-} \rightleftharpoons Cd$	−0.4025
$Cr^{3+} + e^{-} \rightleftharpoons Cr^{2+}$	−0.424
$Fe^{2+} + 2e^{-} \rightleftharpoons Fe$	−0.44
$S + 2e^{-} \rightleftharpoons S^{2-}$	−0.45
$U^{4+} + e^{-} \rightleftharpoons U^{3+}$	−0.52
$Ga^{3+} + 3e^{-} \rightleftharpoons Ga$	−0.53
$AsO_4^{3-} + 3H_2O + 2e^{-} \rightleftharpoons H_2AsO_3^{-} + 4OH^{-}$	−0.67
$Zn^{2+} + 2e^{-} \rightleftharpoons Zn$	−0.7626
$Cr^{2+} + 2e^{-} \rightleftharpoons Cr$	−0.90
$Mn^{2+} + 2e^{-} \rightleftharpoons Mn$	−1.18
$Al^{3+} + 3e^{-} \rightleftharpoons Al$	−1.676
$Mg^{2+} + 2e^{-} \rightleftharpoons Mg$	−2.356
$Na^{+} + e^{-} \rightleftharpoons Na$	−2.713
$Ca^{2+} + 2e^{-} \rightleftharpoons Ca$	−2.84
$Sr^{2+} + 2e^{-} \rightleftharpoons Sr$	−2.89
$Ba^{2+} + 2e^{-} \rightleftharpoons Ba$	−2.92
$Cs^{+} + e^{-} \rightleftharpoons Cs$	−2.923
$K^{+} + e^{-} \rightleftharpoons K$	−2.924
$Rb^{+} + e^{-} \rightleftharpoons Rb$	−2.924
$Li^{+} + e^{-} \rightleftharpoons Li$	−3.040

a) A. J. Bard, R. Parsons, J. Jordan, Standard Potentials in Aqueous Solution, Marcel Dekker (1985)

索　引

■欧　文

■和　文

ア

カ

サ

タ

ナ

ハ

マ

ヤ

ラ

著者紹介

湯地　昭夫　理学博士

1980年　名古屋大学大学院理学研究科化学専攻博士課程修了
現　在　名古屋工業大学名誉教授

日置　昭治　理学博士

1984年　名古屋大学大学院理学研究科化学専攻博士課程修了
　　　　元 国立研究開発法人 産業技術総合研究所 職員
現　在　日本ガスメーター工業会 事務局長

NDC 433　204 p　21cm

エキスパート応用化学テキストシリーズ

分析化学

2015 年 8 月 21 日　第 1 刷発行
2025 年 1 月 20 日　第 6 刷発行

著　者　湯地昭夫・日置昭治
発行者　髙橋明男
発行所　株式会社　講談社
　　　　〒 112-8001　東京都文京区音羽 2-12-21
　　　　　販売　(03) 5395-4415
　　　　　業務　(03) 5395-3615

KODANSHA

編　集　株式会社　講談社サイエンティフィク
　　　　代表　堀越俊一
　　　　〒 162-0825　東京都新宿区神楽坂 2-14　ノービィビル
　　　　　編集　(03) 3235-3701
印刷所　株式会社双文社印刷
製本所　株式会社国宝社

落丁本・乱丁本は，購入書店名を明記のうえ，講談社業務宛にお送り下さい．送料小社負担にてお取替えします．なお，この本の内容についてのお問い合わせは講談社サイエンティフィク宛にお願いいたします．定価はカバーに表示してあります．

Printed in Japan

ISBN 978-4-06-156808-2